职业教育赛教一体化课程改革系列教材

# Spark大数据分析

Spark DASHUJU FENXI

蒋一锄 ◎ 主　编
冉柏权　陈家枫　杨　健　李　熙 ◎ 副主编

中国铁道出版社有限公司
CHINA RAILWAY PUBLISHING HOUSE CO., LTD.

## 内 容 简 介

本书为"职业教育赛教一体化课程改革系列教材"之一，介绍了 Spark 应用程序体系架构的核心技术。全书共分 8 章：第 1 章介绍大数据与 Spark 以及其他数据处理框架；第 2 章主要讲解 Spark 集群的安装配置，包括 Standalone、Spark on Yarn、Spark HA 模式，另外介绍了 Spark 的运行架构与原理，以及 Spark Shell 的简单使用；第 3 章～第 8 章主要讲解 Spark 程序入门、弹性分布式数据集、Spark 核心原理、Spark SQL 处理结构化数据和多数据源操作、Spark Streaming 实时计算框架，并包含实战案例。

本书理论联系实际，对每个知识点都进行了精心设计，真正做到了所学即所得，可帮助学生快速理解并掌握 Spark 的应用。

本书适合作为高等职业院校电子信息大类各专业学习 Spark 大数据技术的教材，也可作为全国大学生大数据竞赛的指导书，还可作为培训学校的培训教材，以及大数据爱好者的自学参考书。

**图书在版编目（CIP）数据**

Spark大数据分析/蒋一锄主编.—北京：中国铁道出版社有限公司，2023.12
职业教育赛教一体化课程改革系列教材
ISBN 978-7-113-30672-4

Ⅰ.①S… Ⅱ.①蒋… Ⅲ.①数据处理软件－职业教育－教材 Ⅳ.① TP274

中国国家版本馆 CIP 数据核字（2023）第 209694 号

| | |
|---|---|
| 书　　名 | Spark 大数据分析 |
| 作　　者 | 蒋一锄 |

| | | | |
|---|---|---|---|
| 策　　划 | 徐海英 | 编辑部电话 | （010）63551006 |
| 责任编辑 | 王春霞　彭立辉 | | |
| 封面制作 | 刘　颖 | | |
| 责任校对 | 安海燕 | | |
| 责任印制 | 樊启鹏 | | |

出版发行：中国铁道出版社有限公司（100054，北京市西城区右安门西街 8 号）
网　　址：http://www.tdpress.com/51eds/
印　　刷：三河市燕山印刷有限公司
版　　次：2023 年 12 月第 1 版　2023 年 12 月第 1 次印刷
开　　本：850 mm×1 168 mm　1/16　印张：14.25　字数：390 千
书　　号：ISBN 978-7-113-30672-4
定　　价：45.00 元

**版权所有　侵权必究**

凡购买铁道版图书，如有印制质量问题，请与本社教材图书营销部联系调换。电话：（010）63550836
打击盗版举报电话：（010）63549461

# 前　言

为认真贯彻落实党的二十大精神，响应教育部实施新时代中国特色高水平高职学校和专业群建设的各项政策部署，扎实持续推进职校改革，强化内涵建设和高质量发展，落实双高计划，抓好职业院校信息技术人才培养方案实施及配套建设，我们统筹规划并启动了"职业教育赛教一体化课程改革系列教材"的建设（《云计算技术与应用》《大数据技术与应用Ⅰ》《网络综合布线》《物联网.NET开发》《物联网嵌入式开发》《物联网移动应用开发》《Python网络爬虫实战》《Spark大数据分析》《传感器应用技术》《计算机网络基础项目化教程》）。本系列教材是职业教育教学一线专家、教育企业一线工程师、中国铁道出版社教材开发专家数十人团队的匠心之作，是全体编委精益求精，在日复一日、年复一年的工作中，不断探索和超越的智慧结晶。本书教学设计遵循职业教育教学规律，对真实项目科学拆分与提炼。

Spark作为大数据计算平台的后起之秀，具有运行速度快、容易使用、通用性强和运行模式多样等特点，深受大数据行业技术人员的喜爱。

本书以实践为导向，突出案例教学；结合Spark生态圈，扩展相关知识点，呈现完整的Spark大数据分析体系；使用通俗易懂的语言阐述难点，辅以大量生动形象的图例，增强读者的理解和记忆；具有完整的知识体系和目录结构，形成逻辑清晰的知识脉络；采用深入浅出的层级教学，逐步深化读者对Spark的理解；提供可运行的示例代码、PPT讲义等辅助读者学习的教学资源。

本书旨在介绍Spark应用程序体系架构的核心技术，共分8章，具体内容简介如下：

第1章从大数据和Spark框架的概念出发，详细介绍大数据的特点和应用场景，以及Spark框架的历史、功能和优势。此外，还介绍了其他一些数据处理框架的比较和应用。

第2章主要讲解Spark集群的搭建和配置过程，包括Standalone、Spark on Yarn、Spark HA模式等。读者将学会如何进行硬件和软件环境的配置，并了解集群的各种部件和组件。

第3章介绍Spark程序的基本结构和编写方式，包括如何读取和处理数据、如何进行数据转换和计算，以及如何输出结果。

第4章主要介绍Spark框架中的RDD（弹性分布式数据集），包括RDD的概念、RDD的特性、RDD的使用方法和操作，以及RDD的持久化等相关内容。

第5章主要介绍Spark框架的核心原理，包括Spark的计算模型、任务调度和执行、内存管理和数据传输等方面的原理和机制。读者将了解Spark框架的内部实现原理和运行机制。

第6章主要介绍Spark框架中数据的存储和管理方式，包括Spark的数据存储结构、数据压缩和序列化，以及数据管理和清理等相关内容。读者将了解如何优化数据存储和访问性能。

第7章介绍Spark SQL的概念和使用方法，包括如何使用Spark SQL进行数据处理和分析，如何进行SQL查询和数据聚合，以及如何与其他数据源进行集成。

第8章主要介绍Spark Streaming的概念和使用方法，包括如何使用Spark Streaming进行实时数据处理和分析，如何进行流数据的处理和转换，以及如何与其他数据源进行集成。此外，还包含一些实战案例供读者参考。

本书由湖南环境生物职业技术学院蒋一锄任主编，武汉唯众智创科技有限公司冉柏权和陈家枫、武汉铁路职业技术学院杨健、武汉船舶职业技术学院李熙任副主编。具体分工如下：蒋一锄编写第1章、第2章、第6章，冉柏权编写第3章，杨健编写第4章，李熙编写第5章，陈家枫编写第7章、第8章。全书由蒋一锄统稿。

由于编者水平有限，加之编写时间仓促，书中难免存在疏漏与不妥之处，敬请广大读者批评指正。

编 者

2023 年 10 月

# 目　录

## 第1章　大数据与Spark简介 ... 1
### 1.1　大数据简介与相关技术 ... 2
1.1.1　大数据简介 ... 2
1.1.2　大数据相关技术 ... 2
### 1.2　Spark简介 ... 5
1.2.1　Spark特性 ... 5
1.2.2　Spark的历史与发展 ... 8
1.2.3　Spark组件 ... 9
### 1.3　其他数据处理框架 ... 10
1.3.1　Hadoop ... 11
1.3.2　Storm ... 20
1.3.3　Flink ... 21
1.3.4　Beam ... 23
### 小结 ... 24
### 习题 ... 25

## 第2章　Spark集群安装配置 ... 26
### 2.1　集群环境准备 ... 26
2.1.1　系统环境配置 ... 26
2.1.2　JDK安装 ... 31
2.1.3　Hadoop集群部署 ... 34
2.1.4　ZooKeeper集群部署 ... 42
2.1.5　Scala安装 ... 45
### 2.2　Spark环境搭建 ... 46
2.2.1　Standalone模式部署 ... 46
2.2.2　Spark on Yarn模式部署 ... 49
2.2.3　Spark HA集群部署 ... 54
### 2.3　Spark运行架构与原理 ... 57
2.3.1　基本概念 ... 57

2.3.2　Spark集群运行架构 ............................................................. 59
 2.3.3　Spark运行基本流程 ............................................................. 59
2.4　Spark-Shell ............................................................................... 61
小结 ............................................................................................... 62
习题 ............................................................................................... 62

# 第3章　Spark程序入门 .................................................................. 64

3.1　Scala简介 ................................................................................ 64
3.2　Scala环境准备 ......................................................................... 65
 3.2.1　Windows下的Scala安装 ....................................................... 65
 3.2.2　IDEA安装Scala插件 ............................................................ 66
 3.2.3　输出HelloWorld .................................................................... 68
3.3　Scala基础语法 ......................................................................... 70
 3.3.1　Scala数据类型 ...................................................................... 70
 3.3.2　Scala变量 ............................................................................. 70
 3.3.3　方法与函数 .......................................................................... 71
3.4　Scala面向对象 ......................................................................... 72
 3.4.1　类和对象 .............................................................................. 72
 3.4.2　继承 ..................................................................................... 73
 3.4.3　单例对象和伴生对象 ........................................................... 75
3.5　Scala基本数据结构 .................................................................. 76
 3.5.1　数组 ..................................................................................... 76
 3.5.2　元组 ..................................................................................... 78
 3.5.3　集合 ..................................................................................... 80
3.6　使用IDEA开发运行worldCount程序 ........................................ 83
 3.6.1　项目运行 .............................................................................. 83
 3.6.2　提交任务到集群 ................................................................... 85
小结 ............................................................................................... 89
习题 ............................................................................................... 89

# 第4章　弹性分布式数据集 ................................................................ 90

4.1　RDD概述 ................................................................................. 91
4.2　RDD创建方式 .......................................................................... 91

  4.2.1 通过读取文件生成RDD ... 92
  4.2.2 通过并行化方式创建RDD ... 92
 4.3 RDD类型操作 ... 93
  4.3.1 转换算子 ... 93
  4.3.2 行动算子 ... 96
 4.4 RDD之间的依赖关系 ... 98
 4.5 RDD机制 ... 99
  4.5.1 持久化机制 ... 99
  4.5.2 容错机制 ... 102
 4.6 统计每日新增用户 ... 103
  4.6.1 需求分析 ... 103
  4.6.2 在Spark Shell中实现 ... 103
  4.6.3 在IDEA中实现 ... 106
 小结 ... 112
 习题 ... 112

# 第5章 Spark核心原理 ... 113

 5.1 消息通信原理 ... 113
  5.1.1 整体框架 ... 113
  5.1.2 启动消息通信 ... 115
  5.1.3 运行时消息通信 ... 118
 5.2 Spark任务执行原理 ... 124
  5.2.1 划分调度 ... 124
  5.2.2 提交调度 ... 127
  5.2.3 提交任务 ... 129
  5.2.4 执行任务 ... 134
  5.2.5 获取执行结果 ... 136
 5.3 容错 ... 138
  5.3.1 Executor异常 ... 138
  5.3.2 Worker异常 ... 139
  5.3.3 Master异常 ... 140
 小结 ... 141
 习题 ... 142

## 第6章　Spark存储原理 .................................................. 143

### 6.1 存储分析 ........................................................ 143
#### 6.1.1 体系架构 .................................................... 143
#### 6.1.2 读数据过程 .................................................. 146
#### 6.1.3 写数据过程 .................................................. 153

### 6.2 Shuffle ........................................................ 161
#### 6.2.1 Shuffle Write ............................................... 161
#### 6.2.2 Shuffle Read ................................................ 163
#### 6.2.3 Hadoop Shuffle与Spark Shuffle ............................... 164

### 6.3 共享变量 ....................................................... 166
#### 6.3.1 广播变量 .................................................... 166
#### 6.3.2 累加器 ...................................................... 168

### 小结 .............................................................. 168
### 习题 .............................................................. 169

## 第7章　Spark SQL .................................................... 170

### 7.1 Spark SQL简介 .................................................. 171
#### 7.1.1 Spark SQL的概念 ............................................. 171
#### 7.1.2 Spark SQL架构 ............................................... 171

### 7.2 DataFrame ...................................................... 173
#### 7.2.1 创建DataFrame ............................................... 173
#### 7.2.2 操作DataFrame ............................................... 176
#### 7.2.3 RDD转换为DataFrame .......................................... 179

### 7.3 Spark SQL多数据源操作 .......................................... 181
#### 7.3.1 MySQL数据源操作 ............................................. 181
#### 7.3.2 Hive数据源操作 .............................................. 183

### 7.4 Spark SQL应用案例 .............................................. 185
#### 7.4.1 用Spark SQL实现单词统计 ..................................... 185
#### 7.4.2 电影数据分析 ................................................ 188

### 小结 .............................................................. 191
### 习题 .............................................................. 191

# 第8章 Spark Streaming ... 193

## 8.1 认识Spark Streaming ... 194
### 8.1.1 流式计算简介 ... 194
### 8.1.2 Spark Streaming简介 ... 195
### 8.1.3 Spark Streaming工作原理 ... 196

## 8.2 DStream ... 196
### 8.2.1 DStream简介 ... 196
### 8.2.2 DStream 转换操作 ... 197
### 8.2.3 DStream 输出 ... 200
### 8.2.4 Spark Streaming窗口操作 ... 202

## 8.3 Spark Streaming应用案例 ... 207
### 8.3.1 Spark Streaming实现单词统计 ... 207
### 8.3.2 Spark Streaming热搜统计 ... 209
### 8.3.3 自定义输出实训 ... 210
### 8.3.4 Spark Streaming窗口计算实训 ... 214

小结 ... 217

习题 ... 217

# 第 1 章

# 大数据与 Spark 简介

## 学习目标

- 理解大数据的概念、特点,以及大数据技术在现代数据处理和分析中的重要性。
- 了解 Spark 作为一种快速、可扩展和分布式计算框架的基本概念和优势。
- 理解 Spark 的基本架构、组件和工作原理。
- 理解 Spark 的核心概念。
- 了解 Spark 与其他大数据技术(如 Hadoop、Hive 等)的关系和相互配合的方式。

## 素质目标

- 培养自主学习的能力,通过阅读书籍和相关资料深入了解大数据和 Spark 的知识。
- 对大数据和 Spark 的概念和应用进行批判性思考,发现其优点和局限性,从而更好地理解其适用场景和限制。
- 能够综合大数据和 Spark 的知识,分析其对现实世界和业务领域的影响和应用。
- 学习如何清晰地表达大数据和 Spark 的概念和价值,并与他人进行交流和讨论。
- 将大数据和 Spark 与其他学科和领域的知识相结合,拓宽视野,发现新的应用和创新机会。
- 了解大数据和 Spark 的快速发展和变化趋势,培养适应新技术和应变环境的能力。

大数据时代的来临,带来了各行各业的深刻变革。大数据像能源、原材料一样,已经成为提升国家和企业竞争力的关键要素,被称为"未来的新石油"。正如电力技术的应用引发了生产模式的变革一样,基于互联网技术而发展起来的大数据技术,将会对人们的生产和生活产生颠覆性的影响。

Spark 在 2014 年打破了 Hadoop 保持的基准排序纪录。Spark 中计算 100 TB 数据使用 206 个节点,用时 23 分钟;Hadoop 中计算 100 TB 数据使用 2 000 个节点,用时 72 分钟。Spark 用十分之一的计算资源,获得了相当于 Hadoop 三倍的速度。

## 1.1 大数据简介与相关技术

大数据（big data）又称巨量资料，是指所涉及的资料量规模巨大到无法通过目前主流软件工具，在合理时间内达到获取、管理、处理并整理成帮助企业经营决策的信息。

### 1.1.1 大数据简介

在维克托·迈尔·舍恩伯格及肯尼斯·库克耶编写的《大数据时代》中，大数据是指不用随机分析法（抽样调查）这样的捷径，而采用所有数据进行分析处理。大数据的5V特征：Volume（大量）、Variety（多样）、Value（低价值密度）、Velocity（高速）、Veracity（真实性），如图1-1所示。

图 1-1　大数据 5V 特征

（1）Volume：数据量大。截至目前，人类生产的所有印刷材料的数据量是 200 PB，而历史上全人类总共说过的话的数据量大约是 5 EB。当前，典型个人计算机硬盘的容量为 TB 量级，而一些大企业的数据量已经接近 EB 量级。

（2）Variety：种类和来源多样化。这种类型的多样性也让数据被分为结构化数据和非结构化数据。相对于以往便于存储的以数据库/文本为主的结构化数据，非结构化数据越来越多，包括网络日志、音频、视频、图片、地理位置信息等，这些多类型的数据对数据的处理能力提出了更高的要求。

（3）Value：低价值密度。价值密度的高低与数据总量的大小成反比。随着互联网及物联网的广泛应用，信息感知无处不在，信息海量，但价值密度较低，如何结合业务逻辑并通过强大的机器算法来挖掘数据价值，是大数据时代最需要解决的问题。

（4）Velocity：数据增长速度快，处理速度也快，时效性要求高，这是大数据区别于传统数据挖掘的最显著特征。根据 IDC 的"数字宇宙"的报告，预计到 2025 年，全球数据使用量将达到 163 ZB。在如此海量的数据面前，处理数据的效率就是企业的生命。

（5）Veracity：数据的准确性和可信赖度，即数据的质量。

### 1.1.2 大数据相关技术

大数据技术的体系庞大且复杂，基础的技术包含数据的采集、数据预处理、分布式存储、NoSQL（非关系型）数据库、数据仓库、机器学习、并行计算、可视化等各种技术范畴和不同的技术层面。首先，科学地给出一个通用化的大数据处理技术框架，主要分为以下几方面：数据采集与预处理、数据存储、数据清洗、数据查询分析和数据可视化。

1. 数据采集与预处理

数据采集与预处理对于各种来源的数据，包括移动互联网数据、社交网络的数据等，这些结构化和非结构化的海量数据是零散的，也就是所谓的数据孤岛，此时的数据并没有什么意义。数据采集就是将这些数据写入数据仓库中，把零散的数据整合在一起，对这些数据综合起来进行分析。数据采集包括文件日志的采集、数据库日志的采集、关系型数据库的接入和应用程序的接入等。在数据量比较小的时候，可以写个定时的脚本将日志写入存储系统，但随着数据量的增长，这些方法无法提供数据安全保障，并且运维困难，需要更强的解决方案。

2. 数据存储

Hadoop 作为一个开源的框架，专为离线和大规模数据分析而设计，HDFS 作为其核心的存储引擎，已被广泛用于数据存储。

HBase 是一个分布式的、面向列的开源数据库，可以认为是 HDFS 的封装，其本质是数据存储、NoSQL 数据库。HBase 是一种 Key/Value 系统，部署在 HDFS 上，克服了 HDFS 在随机读/写方面的缺点，与 Hadoop 一样，HBase 主要依靠横向扩展，通过不断增加廉价的商用服务器来增加计算和存储能力。

Phoenix 相当于一个 Java 中间件，帮助开发工程师能够像使用 JDBC 访问关系型数据库一样访问 NoSQL 数据库 HBase。

Yarn 是一种 Hadoop 资源管理器，可为上层应用提供统一的资源管理和调度，它的引入为集群在利用率、资源统一管理和数据共享等方面带来了巨大好处。Yarn 由以下几大组件构成：一个全局的资源管理器 ResourceManager、ResourceManager 的每个节点代理 NodeManager、表示每个应用的 Application，以及每一个 ApplicationMaster 拥有多个 Container（容器）在 NodeManager 上运行。

Mesos 是一款开源的集群管理软件，支持 Hadoop、ElasticSearch、Spark、Storm 和 Kafka 等应用架构。

Redis 是一种速度非常快的非关系型数据库，可以存储键与五种不同类型的值之间的映射，可以将存储在内存的键值对数据持久化到硬盘中。它使用复制特性来扩展性能，还可以使用客户端分片来扩展写性能。

Atlas 是一个位于应用程序与 MySQL 之间的中间件。在后端 DB（数据库）看来，Atlas 相当于连接它的客户端；在前端应用看来，Atlas 相当于一个 DB。Atlas 作为服务端与应用程序通信，实现了 MySQL 的客户端和服务端协议，同时作为客户端与 MySQL 通信。它对应用程序屏蔽了 DB 的细节，同时为了降低 MySQL 负担，它还维护了连接池。Atlas 启动后会创建多个线程，其中一个为主线程，其余为工作线程。主线程负责监听所有的客户端连接请求，工作线程只监听主线程的命令请求。

Kudu 是围绕 Hadoop 生态圈建立的存储引擎，拥有和 Hadoop 生态圈共同的设计理念。它运行在普通的服务器上，可分布式规模化部署，并且满足工业界的高可用要求。其设计理念为"既支持随机读/写，又支持 OLAP 分析的大数据存储引擎"。作为一个开源的存储引擎，可以同时提供低延迟的随机读/写和高效的数据分析能力。Kudu 不但提供了行级的插入、更新、删除 API，同时也提供了接近 Parquent（列式存储格式）性能的批量扫描操作。使用同一份存储，既可以进行随机读/写，也可以满足数据分析的要求。Kudu 的应用场景很广泛，比如可以进行实时的数据分析，用于数据可能会存在变化的时序数据应用等。

在数据存储过程中，涉及的数据表包含各种复杂的 Query（查询），推荐使用列式存储方法（如

Parquent、ORC 等）对数据进行压缩。Parquent 可以支持灵活的压缩选项，显著减少磁盘上的存储。

### 3. 数据清洗

MapReduce 作为 Hadoop 的查询引擎，用于大规模数据集的并行计算，Map（映射）和 Reduce（归约）是它的主要思想。它极大地方便了编程人员在不会分布式并行编程的情况下，将自己的程序运行在分布式系统中。

随着业务数据量的增多，需要进行训练和清洗的数据会变得越来越复杂，这时就需要任务调度系统，如 Oozie 或者 Azkaban，对关键任务进行调度和监控。

Oozie 是用于 Hadoop 平台的一种工作流调度引擎，提供了 RESTful API 接口来接受用户的提交请求（提交工作流作业），当提交了 Workflow（工作流）后，由工作流引擎负责 Workflow 的执行以及状态的转换。用户在 HDFS 上部署好作业（MR 作业），然后向 Oozie 提交 Workflow，Oozie 以异步方式将作业（MR 作业）提交给 Hadoop。这也是为什么当调用 Oozie 的 RESTful 接口提交作业之后能立即返回一个 JobId（作业编号）的原因，用户程序不必等待作业执行完成（因为有些大作业可能会执行很久，几个小时甚至几天）。Oozie 在后台以异步方式，再将 Workflow 对应的 Action（功能）提交给 Hadoop 执行。

Azkaban 也是一种工作流的控制引擎，可以用来解决有多个 Hadoop 或者 Spark 等离线计算任务之间的依赖关系问题。Azkaban 主要由三部分构成：Relational Database、Azkaban Web Server 和 Azkaban Executor Server。Azkaban 将大多数的状态信息都保存在 MySQL 中，Azkaban Web Server 提供了 Web UI（Web 用户界面），是 Azkaban 主要的管理者，包括项目的管理、认证、调度以及对工作流执行过程中的监控等；Azkaban Executor Server 用来调度工作流和任务，记录工作流或者任务的日志。

流计算任务的处理平台 Sloth，是网易首个自研流计算平台，旨在解决公司内各产品日益增长的流计算需求。作为一个计算服务平台，其特点是易用、实时、可靠，为用户节省技术方面（开发、运维）的投入，帮助用户专注于解决产品本身的流计算需求。

### 4. 数据查询分析

Hive 的核心工作就是把 SQL 语句翻译成 MR（MapRedue）程序，可以将结构化的数据映射为一张数据库表，并提供 HQL（Hive SQL）查询功能。Hive 本身不存储和计算数据，它完全依赖于 HDFS 和 MapReduce。可以将 Hive 理解为一个客户端工具，将 SQL 操作转换为相应的 MapReduce jobs（作业），然后在 Hadoop 上运行。Hive 支持标准的 SQL 语法，免去了用户编写 MapReduce 程序的过程，它的出现可以让那些精通 SQL 技能，但是不熟悉 MapReduce、编程能力较弱与不擅长 Java 语言的用户能够在 HDFS 大规模数据集上很方便地利用 SQL 语言查询、汇总、分析数据。

Impala 是对 Hive 的一个补充，可以实现高效的 SQL 查询。使用 Impala 实现 SQL on Hadoop，用来进行大数据实时查询分析。通过熟悉的传统关系型数据库的 SQL 风格来操作大数据，同时数据也可以存储到 HDFS 和 HBase 中。Impala 没有再使用缓慢的 Hive+MapReduce 批处理，而是通过使用与商用并行关系数据库中类似的分布式查询引擎（由 Query Planner、QueryCoordinator 和 Query Exec Engine 三部分组成），可以直接从 HDFS 或 HBase 中用 SELECT、JOIN 和统计函数查询数据，从而大幅降低了延迟。Impala 将整个查询分成一棵执行计划树，而不是一连串的 MapReduce 任务，相比 Hive 没有了 MapReduce 启动时间。

Spark 拥有 Hadoop MapReduce 所具有的特点，它将 Job 中间输出结果保存在内存中，从而不需要读取 HDFS。Spark 启用了内存分布数据集，除了能够提供交互式查询外，还可以优化迭代工作负载。

Spark 是在 Scala 语言中实现的，它将 Scala 用作其应用程序框架。与 Hadoop 不同，Spark 和 Scala 能够紧密集成，其中的 Scala 可以像操作本地集合对象一样轻松地操作分布式数据集。

Nutch 是一个开源用 Java 实现的搜索引擎。它提供了运行搜索引擎所需的全部工具，包括全文搜索和 Web 爬虫。

Solr 是用 Java 编写、运行在 Servlet 容器（如 Apache Tomcat 或 Jetty）的一个独立的企业级搜索应用的全文搜索服务器。它对外提供类似于 Web-service 的 API 接口，用户可以通过 http 请求，向搜索引擎服务器提交一定格式的 XML 文件，生成索引；也可以通过 http Get 操作提出查找请求，并得到 XML 格式的返回结果。

Elasticsearch 是一个开源的全文搜索引擎，基于 Lucene 的搜索服务器，可以快速地存储、搜索和分析海量的数据。其设计用于云计算中，能够达到实时搜索，稳定，可靠，快速，安装使用方便。

### 5. 数据可视化

对接一些 BI（Business Intelligence，商业智能）平台，将分析得到的数据进行可视化，用于指导决策服务。主流的 BI 平台如国外的敏捷 BI Tableau、Qlikview、PowerBI 等，国内的 SmallBI 和新兴的有数 BI 等。

在上面的每一个阶段，保障数据的安全是不可忽视的问题。基于网络身份认证的协议 Kerberos，用来在非安全网络中对个人通信以安全的手段进行身份认证，它允许某实体在非安全网络环境下通信，向另一个实体以一种安全的方式证明自己的身份。

控制权限的 Ranger 是一个 Hadoop 集群权限框架，提供操作、监控、管理复杂的数据权限。它提供一个集中的管理机制，管理基于 Yarn 的 Hadoop 生态圈的所有数据权限。可以对 Hadoop 生态的组件如 Hive、HBase 进行细粒度的数据访问控制。通过操作 Ranger 控制台，管理员可以轻松地通过配置策略来控制用户访问 HDFS 文件夹、HDFS 文件、数据库、表、字段权限。这些策略可以由不同的用户和组来设置，同时权限可与 Hadoop 无缝对接。

## 1.2 Spark 简介

Spark 最初由美国加州伯克利大学的 AMP（Algorithms，Machines and People）实验室于 2009 年开发，是基于内存计算的大数据并行计算框架，可用于构建大型的、低延迟的数据分析应用程序。Spark 在诞生之初属于研究性项目，其诸多核心理念均源自学术研究论文。2013 年，Spark 加入 Apache 孵化器项目后迅猛发展，如今已成为 Apache 软件基金会最重要的三大分布式计算系统开源项目（Hadoop、Spark、Storm）之一。

### 1.2.1 Spark 特性

#### 1. 运行速度快

面向磁盘的 MapReduce 受限于磁盘读/写性能和网络 I/O 性能的约束，在处理迭代计算、实时计算、交互式数据查询等方面并不高效，但是这些却在图计算、数据挖掘和机器学习等相关应用领域中非常常见。针对这一不足，将数据存储在内存中并基于内存进行计算是一个有效的解决途径。

Spark 是面向内存的大数据处理引擎，使得 Spark 能够为多个不同数据源的数据提供近乎实时的处理性能，适用于需要多次操作特定数据集的应用场景。

在相同的实验环境下处理相同的数据，若在内存中运行，Spark 要比 MapReduce 快 100 倍，如图 1-2 所示；在磁盘中运行时 Spark 要比 MapReduce 快 10 倍，如图 1-3 所示。综合各种实验表明，处理迭代计算问题 Spark 要比 MapReduce 快 20 多倍，计算数据分析类报表的速度可提高 40 多倍，能够在 5~7 s 的延时内交互式地扫描 1 TB 数据集。

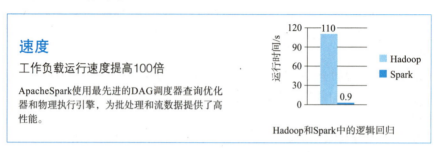

图 1-2　基于内存 Spark 与 MapReduce 执行逻辑回归的性能对比

图 1-3　基于磁盘 Spark 与 MapReduce 对 100 TB 数据排序的性能对比

排序问题是最考验系统性能的问题之一。图 1-3 是 Spark 与 MapReduce 对相同的 100 TB 数据样本排序的性能对比。在实验中，MapReduce 用了 2 100 个节点，用时 72 分钟；而 Spark 仅用 207 个节点，是前者的 I/O，用时 23 分钟，是前者的 1/3。

Spark 与 MapReduce 相比在计算性能上有如此显著的提升，主要得益于以下两方面。

（1）Spark 是基于内存的大数据处理框架

Spark 既可以在内存中处理数据，也可以使用磁盘处理未全部装入内存中的数据。由于内存与磁盘在读/写性能上存在巨大的差距，因此 CPU 基于内存对数据进行处理的速度要快于磁盘数倍。然而，MapReduce 对数据的处理是基于磁盘展开的：一方面，MapReduce 对数据进行 Map 操作后的结果要写入磁盘中，而且 Reduce 操作也是在磁盘中读取数据；另一方面，分布式环境下不同物理节点间的数据通过网络进行传输，网络性能使得该缺点进一步被放大。因此，磁盘的读/写性能、网络传输性能成了基于 MapReduce 大数据处理框架的瓶颈。图 1-4 所示为 MapReduce 数据处理流程示意图。

（2）Spark 具有优秀的作业调度策略

Spark 中使用了有向无环图（directed acyclic graph，DAG）这一概念。一个 Spark 应用由若干个作业构成，首先 Spark 将每个作业抽象成一个图，图中的节点是数据集，图中的边是数据集之间的转换关系；然后，Spark 基于相应的策略将 DAG 划分出若干个子图，每个子图称为一个阶段，而每个阶段对应一组任务；最后每个任务交由集群中的执行器进行计算。借助于DAG，Spark可以对应用程序的执行进行优化，能够很好地实现循环数据流和内存计算。

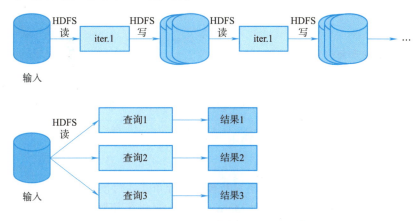

图 1-4  MapReduce 数据处理流程示意图

2. 易用性

Spark 不仅计算性能突出，在易用性方面也是其他同类产品难以比拟的。一方面，Spark 提供了支持多种语言的 API，如 Scala、Java、Python、R 等，使得用户开发 Spark 程序十分方便；另一方面，Spark 是基于 Scala 语言开发的，由于 Scala 是一种面向对象的、函数式的静态编程语言，其强大的类型推断、模式匹配、隐式转换等一系列功能结合丰富的描述能力使得 Spark 应用程序代码非常简洁。Spark 的易用性还体现在其针对数据处理提供了丰富的操作。

在使用 MapReduce 开发应用程序时，通常用户关注的重点与难点是如何将一个需求 Job（作业）拆分成 Map 和 Reduce。由于 MapReduce 中仅为数据处理提供了两个操作（Map 和 Reduce），因此系统开发人员需要解决的一个难题是如何把数据处理的业务逻辑合理有效地封装在对应的两个类中。与之相对比，Spark 提供了 80 多个针对数据处理的基本操作，如 map、flatMap、reduceByKey、filter、cache、collect、textFile 等，这使得用户基于 Spark 进行应用程序开发非常简洁高效。以分词统计为例，虽然 MapReduce 固定的编程模式极大地简化了并行程序开发，但是代码至少几十行；若换成 Spark，其核心代码最短仅需要一行，极大地提高了应用程序开发效率。例如：

sc.textFile（"hdfs：//master：8020/user/dong/Spark/wc.input"）.flatMap（_.split（""））.map（（_,1））.reduceByKey（_+_）.collect

此外，MapReduce 自身并没有交互模式，需要借助 Hive 和 Pig 等附加模块。Spark 则提供了一种命令行交互模式，即 Spark Sheep，使得用户可以获取查询和其他操作的即时反馈。

**注意：** 在Spark的实际项目开发中多用Scala语言，约占70%；其次是Java，约占20%；而Python约占10%。通常使用方便、简洁的工具，其内部往往封装了更为复杂的机制，因此Scala与Java等语言比较起来，学习难度要大一些。

3. 通用性

相对于第一代的大数据生态系统 Hadoop 中的 MapReduce，Spark 无论是在性能还是在方案的统一性方面，都有着极大的优势。Spark 框架包含了多个紧密集成的组件，如图 1-5 所示。位于底层的是 SparkCore，其实现了 Spark 的作业调度、内存管理、容错、与存储系统交互等基本功能，并针对弹性分布式数据集提供了丰富的操作。在 SparkCore 的基础上，Spark 提供了一系列面向不同应用需求的组件，主要有 Spark SQL、Spark Streaming、MLlib、GraphX。

图 1-5　Spark 框架

#### 4. 支持多种资源管理器

Spark 支持多种运行模式：本地（local）运行模式、分布式运行模式。Spark 集群的底层资源可以借助于外部的框架进行管理，目前 Spark 对 Mesos 和 Yarn 提供了相对稳定的支持。在实际生产环境中，中小规模的 Spark 集群通常可满足一般企业绝大多数的业务需求，而在搭建此类集群时推荐采用 Standalone 模式（不采用外部的资源管理框架）。该模式使得 Spark 集群更加轻量级。

① Spark on Yarn 模式：在这一模式下，Spark 作为一个提交程序的客户端将 Spark 任务提交到 Yarn 上，然后通过 Yarn 来调度和管理 Spark 任务执行过程中所需的资源。在搭建此模式的 Spark 集群过程中，需要先搭建 Yarn 集群，然后将 Spark 作为 Hadoop 中的一个组件纳入 Yarn 的调度管理下，这样将更有利于系统资源的共享。

② Spark on Mesoes 模式：Spark 和资源管理框架 Mesos 相结合的运行模式。Apache Mesos 与 Yarn 类似，能够将 CPU、内存、存储等资源从计算机的物理硬件中抽象地隔离出来，搭建了一个高容错、弹性配置的分布式系统。Mesos 同样也采用 Master/Slave 架构，并支持粗粒度模式和细粒度模式两种调度模式。

③ Spark Standalone 模式：该模式是不借助于第三方资源管理框架的完全分布式模式。Spark 使用自己的 Master 进程对应用程序运行过程中所需的资源进行调度和管理。对于中小规模的 Spark 集群首选 Standalone 模式。

### 1.2.2　Spark 的历史与发展

Apache Spark 是一个开源簇运算框架，最初是由加州大学伯克利分校 AMPLab 所开发。相对于 Hadoop 的 MapReduce 会在运行完工作后将中介数据存放到磁盘中，Spark 使用了内存内运算技术，能在数据尚未写入硬盘时即在内存内分析运算。Spark 在内存中运行程序的运算速度能做到比 Hadoop MapReduce 的运算速度快 100 倍，即使运行程序于硬盘，Spark 也能快上 10 倍速度。Spark 允许用户将数据加载至簇内存，并多次对其进行查询，非常适合用于机器学习。

使用 Spark 需要搭配簇管理员和分布式存储系统。Spark 支持独立模式（本地 Spark 簇）、Hadoop Yarn 或 Apache Mesos 的簇管理。在分布式存储方面，Spark 可以和 HDFS、Cassandra、OpenStack Swift 和 Amazon S3 等接口搭载。Spark 也支持伪分布式本地模式，不过通常只用于开发或测试时以本机文件系统取代分布式存储系统。在这样的情况下，Spark 仅在一台机器上使用每个 CPU 核心运行程序。

Spark 发展历程：

Spark 在 2009 年由 Matei Zaharia 在加州大学伯克利分校 AMPLab 开创。

2010 年通过 BSD 许可协议开源发布。
2013 年 6 月，该项目捐赠给 Apache 软件基金会并切换许可协议至 Apache 2.0。
2014 年 2 月，Spark 成为 Apache 的顶级项目。
2014 年 11 月，Databricks 团队使用 Spark 刷新数据排序世界纪录。
2014 年 5 月底 Spark 1.0.0 发布。
2014 年 9 月 Spark 1.1.0 发布。
2014 年 12 月 Spark 1.2.0 发布。
……
2016 年 1 月 Spark 1.6.0 发布。
……
2016 年 6 月 Spark 2.0 发布。
……
2022 年 6 月 Spark 3.3.0 版本发布。

Spark 作为 Hadoop 生态中重要的一员，其发展速度非常快，不过其作为一个完整的技术栈，在技术和环境的双重刺激下，得到如此多的关注也是有依据的。其核心在于内存计算模型代替 Hadoop 生态的 MapReduce 离线计算模型，用更加丰富的 Transformation 和 Action 算子来替代 map、reduce 两种算子。

## 1.2.3　Spark 组件

相对于第一代的大数据生态系统 Hadoop 中的 MapReduce，Spark 无论是在性能还是在方案的统一性方面，都有着极大的优势。Spark 框架包含了多个紧密集成的组件，如图 1-6 所示。位于底层的是 SparkCore，其实现了 Spark 的作业调度、内存管理、容错、与存储系统交互等基本功能，并针对弹性分布式数据集提供了丰富的操作。在 SparkCore 的基础上，Spark 提供了一系列面向不同应用需求的组件，主要有 Spark SQL、Spark Streaming、MLlib、GraphX。

图 1-6　Spark 框架

### 1. Spark SQL

Spark SQL 是 Spark 用来操作结构化数据的组件。通过 Spark SQL，用户可以使用 SQL 或者 Apache Hive 版本的 SQL 语言（HQL）来查询数据。Spark SQL 支持多种数据源类型，如 Hive 表、Parquet 及 JSON 等。Spark SQL 不仅为 Spark 提供了一个 SQL 接口，还支持开发者将 SQL 语句融入 Spark 应用程序开发过程中。无论使用 Python、Java 还是 Scala，用户都可以在单个的应用中同时进行 SQL 查询和复杂的数据分析。由于能够与 Spark 所提供的丰富的计算环境紧密结合，Spark SQL 得以从其他开源数据仓库工具中脱颖而出。Spark SQL 在 Spark 1.0 中被首次引入。在 Spark SQL 之前，美国加州大学伯克利分校曾经尝试修改 Apache Hive 以使其运行在 Spark 上，进而提出了组件 Shark。然而，随着 Spark SQL 的提出与发展，其与 Spark 引擎和 API 结合得更加紧密，使得 Shark 已经被 Spark SQL 所取代。

### 2. Spark Streaming

众多应用领域对实时数据的流式计算有着强烈的需求，例如，网络环境中的网页服务器日志或者由用户提交的状态更新组成的消息队列等，都是实时数据流。Spark Streaming 是 Spark 平台上针对实时数据进行流式计算的组件，提供了丰富的处理数据流的 API。由于这些 API 与 SparkCore 中的基本操作相对应，开发者在熟知 Spark 核心概念与编程方法之后，编写 Spark Streaming 应用程序会更加得心应手。从底层设计来看，Spark Streaming 支持与 SparkCore 同级别的容错性、吞吐量以及可伸缩性。

### 3. MLlib

MLlib 是 Spark 提供的一个机器学习算法库，其中包含了多种经典、常见的机器学习算法，主要有分类、回归、聚类、协同过滤等。MLlib 不仅提供了模型评估、数据导入等额外的功能，还提供了一些更底层的机器学习原语，包括一个通用的梯度下降优化基础算法。所有这些方法都被设计为可以在集群上轻松伸缩的架构。

### 4. GraphX

GraphX 是 Spark 面向图计算提供的框架与算法库。GraphX 中提出了弹性分布式属性图的概念，并在此基础上实现了图视图与表视图的有机结合与统一；同时针对图数据处理提供了丰富的操作，例如，取子图操作 subgraph、顶点属性操作 mapVertices、边属性操作 mapEdges 等。GraphX 还实现了与 Pregel（大规模图计算系统）的结合，可以直接使用一些常用图算法，如 PageRank、三角形计数等。

上述这些 Spark 核心组件都以 jar 包的形式提供给用户，这意味着在使用这些组件时，与 MapReduce 上的 Hive、Mahout、Pig 等组件不同，无须进行复杂烦琐的学习、部署、维护和测试等一系列工作，用户只要搭建好 Spark 平台便可以直接使用这些组件，从而节省了大量的系统开发与运维成本。将这些组件放在一起，就构成了一个 Spark 软件栈。基于这个软件栈，Spark 提出并实现了大数据处理的一种理念——一栈式解决方案，即 Spark 可同时对大数据进行批处理、流式处理和交互式查询，如图 1-7 所示。借助于这一软件栈用户可以简单而低耗地把各种处理流程综合在一起，充分体现了 Spark 的通用性。

图 1-7 Spark 面向大数据的综合处理示意图

## 1.3 其他数据处理框架

随着大数据的飞速发展，出现了很多热门的开源社区，其中著名的有 Hadoop、Storm，以及后来的 Spark，它们都有着各自专注的应用场景。Spark 掀开了内存计算的先河，推动了内存计算的飞速发展。

在国外一些社区，很多人将大数据的计算引擎分成了四代：

首先第一代的计算引擎，无疑就是 Hadoop 承载的 MapReduce，它将计算分为两个阶段：Map 和 Reduce。对于上层应用来说，就不得不想方设法去拆分算法，甚至于不得不在上层应用实现多个 Job 的串联，以完成一个完整的算法，如迭代计算。

由于这样的弊端，催生了支持 DAG（directed acyclic graph，有向无环图）框架的产生。因此，支持 DAG 的框架被划分为第二代计算引擎，如 Tez 及更上层的 Oozie。这里不细究各种 DAG 实现的区别，但对于当时的 Tez 和 Oozie 来说，大多还是批处理的任务。

接下来就是以 Spark 为代表的第三代的计算引擎。第三代计算引擎的特点主要是 Job（提交给 Spork 的任务）内部的 DAG 支持（不跨越 Job），以及强调的实时计算。这里，很多人也会认为第三代计算引擎也能够很好地运行批处理的 Job。

随着第三代计算引擎的出现，促进了上层应用快速发展，例如，各种迭代计算的性能以及对流计算和 SQL 等的支持。Flink 的诞生就被归在了第四代，这主要表现在 Flink 对流计算的支持，以及进一步的实时性上面。当然，Flink 也可以支持 Batch 的任务，以及 DAG 的运算。

### 1.3.1　Hadoop

Hadoop 是一个由 Apache 基金会所开发的分布式系统基础架构，是一个存储系统 + 计算框架的软件框架。它主要解决海量数据存储与计算的问题，是大数据技术中的基石。Hadoop 以一种可靠、高效、可伸缩的方式进行数据处理，用户可以在不了解分布式底层细节的情况下，开发分布式程序，用户可以轻松地在 Hadoop 上开发和运行处理海量数据的应用程序。

Hadoop 的核心是 HDFS 和 MapReduce、Yarn。

#### 1. HDFS

HDFS 是一个高度容错性的系统，能检测和应对硬件故障，适合部署在廉价的机器上。

HDFS 采用 Master/Slave 架构。一个 HDFS 集群是由一个 Namenode 和一定数目的 Datanode 组成。Namenode 是一个中心服务器，负责管理文件系统的名字空间（Namespace）以及客户端对文件的访问。集群中的 Datanode 一般是一个节点一个，负责管理它所在节点上的存储。

① Client：切分文件，访问 HDFS，与 Namenode 交互，获取文件位置信息，与 DataNode 交互，读取和写入数据。

② Namenode：Master 节点，在 Hadoop 1.x 中只有一个，管理 HDFS 的名称空间和数据块映射信息，配置副本策略，处理客户端请求。

③ DataNode：Slave 节点，存储实际的数据，汇报存储信息给 Namenode。

④ secondary Namenode：辅助 Namenode，分担其工作量；定期合并 fsimage 和 fsedits 文件，推送给 Namenode；紧急情况下和辅助恢复 Namenode，但其并非 Namenode 的热备。

HDFS 旨在跨大型集群中的计算机可靠地存储非常大的文件。它将每个文件存储为一系列块，除最后一个块之外的文件中的所有块都具有相同的大小，HDFS 使用的默认块大小为 128 MB。复制文件的块以实现容错，且一般复制出的文件块会存储到不同的 Datanode 中。

#### 2. MapReduce

MapReduce 是一个基于 Java 的并行分布式计算框架，使用它来编写的数据处理应用可以运行在大型的商用硬件集群上来处理大型数据集中的可并行化问题，数据处理可以发生在存储在文件系统（非结构化)或数据库(结构化)中的数据上。MapReduce 可以利用数据的位置,在存储的位置附近处理数据,以最大限度地减少通信开销。

MapReduce 框架通过编组分布式服务器,并行运行各种任务,管理系统各部分之间的所有通信和数据传输;它还能自动完成计算任务的并行化处理,自动划分计算数据和计算任务,在集群节点上自动分配和执行任务以及收集计算结果,将数据分布存储、数据通信、容错处理等并行计算涉及的很多系统底层的复杂细节交由系统负责处理,减少开发人员的负担。

MapReduce 还是一个并行程序设计模型与方法。它借助于函数式程序设计语言 Lisp 的设计思想,提供了一种简便的并行程序设计方法,将复杂的、运行于大规模集群上的并行计算过程高度地抽象到两个函数:Map 和 Reduce,用 Map 和 Reduce 两个函数编程实现基本的并行计算任务,提供了抽象的操作和并行编程接口,以简单方便地完成大规模数据的编程和计算处理。

MapReduce 框架通常由 3 个操作(或步骤)组成:

① Map:每个工作节点将 Map() 函数应用于本地数据,并将输出写入临时存储。主节点确保仅处理冗余输入数据的一个副本。

② Shuffle:工作节点根据输出键(由 Map() 函数生成)重新分配数据,对数据映射排序、分组、复制,目的是属于一个键的所有数据都位于同一个工作节点上。有关 Shuffle 的详细内容参见第 6 章。

③ Reduce:工作节点并行处理每个键的每组输出数据。

MapReduce 流程图如图 1-8 所示。

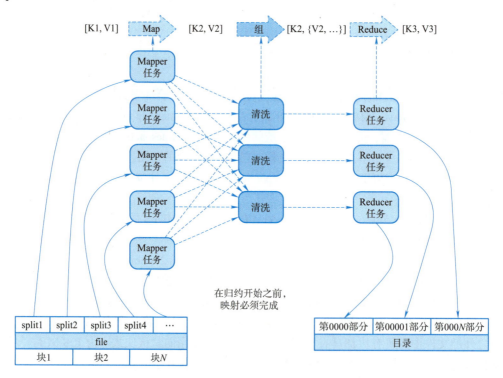

图 1-8　MapReduce 流程图

MapReduce 允许分布式运行 Map() 操作,只要每个 Map() 操作独立于其他 Map() 操作就可以并行执行。

也可以更详细地将 MapReduce 分为 5 个步骤理解：

① Prepare the Map()input：MapReduce 框架先指定 Map 处理器，然后给其分配将要处理的输入数据——键值对 K1，并为该处理器提供与该键值相关的所有输入数据。

② Run the user-provided Map() code：Map() 在 K1 键值对上运行一次，生成由 K2 指定的键值对的输出。

③ Shuffle the Map output to the Reduce processors：将先前生成的 K2 键值对，根据键是否相同移至相同的工作节点。

④ Run the user-provided Reduce() code：对每个工作节点上的 K2 键值对进行 Reduce() 操作。

⑤ Produce the final output：MapReduce 框架收集所有 Reduce 输出，并按 K2 键值对对其进行排序以产生最终结果进行输出。

实际生产环境中，数据很有可能分散在各个服务器上，对于原先的大数据处理方法，则是将数据发送至代码所在的地方进行处理，这样非常低效且占用了大量的带宽。为应对这种情况，MapReduce 框架的处理方法是，将 Map() 操作或者 Reduce() 发送至数据所在的服务器上，以"移动计算替代移动数据"来加速整个框架的运行速度，大多数计算都发生在具有本地磁盘上数据的节点上，从而减少了网络流量。

① Mapper（映射器）：Mapper 是 map() 的实现者。一个 Map() 函数就是对一些独立元素组成的概念上的列表的每一个元素进行指定的操作，所以每个元素都是被独立操作的，而原始列表没有被更改，因为这里创建了一个新的列表来保存新的答案。这就是说，Map() 操作是可以高度并行的。

MapReduce 框架的 Map() 和 Reduce() 函数都是根据（key，value）形式的数据结构定义的。Map() 在一个数据域中获取一个键值对，然后返回一个键值对的列表：

```
Map(K1,V1) → list(K2,V2)
```

Map() 函数会被并行调用，应用于输入数据集中的每个键值对（键 K1）。然后每个调用返回一个键值对（键 K2）列表。之后，MapReduce 框架从所有列表中收集具有相同 key（这里是 K2）的所有键值对，并将它们组合在一起，为每个 Key 创建一个组。

② Reducer（还原器）：Reduce（归约）用于对一个列表的元素进行适当的合并，通常将 Reduce 任务看作 Reducer 的一个示例。Reduce() 函数并行应用于每个组，从而在同一个数据域中生成一组值：

```
Reduce(K2,list(V2)) → list(V3)
```

Reduce 端接收到不同任务传来的有序数据组，此时 Reduce() 会根据编写的代码逻辑进行相应的 Reduce 操作，例如根据同一个键值对进行计数加和等。如果 Reduce 端接收的数据量相当小，则直接存储在内存中，如果数据量超过了该缓冲区大小的一定比例，则对数据合并后溢写到磁盘中。

③ Partitioner：前面提到过，Map 阶段有一个分割成组的操作，这个划分数据的过程就是 Partition，而负责分区的 Java 类就是 Partitioner。

Partitioner 组件可以让 Map 对 Key 进行分区，从而将不同分区的 Key（键）交由不同的 Reduce 处理，由此，Partitioner 数量等同于 Reducer 的数量。一个 Partitioner 对应一个 Reduce 作业，可认为它就是 Reduce 的输入分片，可根据实际业务情况编程控制，提高 Reduce 效率或进行负载均衡。MapReduce 的内置分区是 HashPartition。

具有多个分割总是有好处的，因为与处理整个输入所花费的时间相比，处理分割所花费的时间很短。当分割较小时，可以更好地处理负载平衡，但是分割也不宜太小，如果太小，则会使得管理拆分和任务加载的时间在总运行时间中占过高的比重。

图 1-9 所示为 Map 任务和 Reduce 任务示意图。

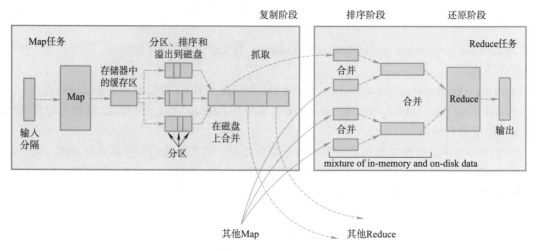

图 1-9　Map 任务和 Reduce 任务示意图

这里给出一个统计词频案例的 Java 代码：

```java
import java.io.IOException;
import java.util.StringTokenizer;
import org.apache.hadoop.conf.Configuration;
import org.apache.hadoop.fs.Path;
import org.apache.hadoop.io.IntWritable;
import org.apache.hadoop.io.Text;
import org.apache.hadoop.mapreduce.Job;
import org.apache.hadoop.mapreduce.Mapper;
import org.apache.hadoop.mapreduce.Reducer;
import org.apache.hadoop.mapreduce.lib.input.FileInputFormat;
import org.apache.hadoop.mapreduce.lib.output.FileOutputFormat;
public class worldCount{
  //继承 Mapper 类，实现自己的 Map 功能
  public static class TokenizerMapper extends Mapper<Object,Text,Text,IntWritable>{
      private final static IntWritable one=new IntWritable(1);
      private Text world=new Text();
      //map() 功能必须实现的函数
      public void map(Object key, Text value, Context context) throws IOException,InterruptedException{
         StringTokenizer itr=new StringTokenizer(value.toString());
           while (itr.hasMoreTokens()){
           world.set(itr.nextToken());
          context.write(world, one);
```

```java
      }
    }
  }
  // 继承 Reducer 类，实现自己的 Reduce 功能
  public static class IntSumReducer extends Reducer<Text,IntWritable,
  Text,IntWritable>{
    private IntWritable result=new IntWritable();
    public void reduce(Text key, Iterable<IntWritable> values,
    Context context) throws IOException, InterruptedException{
      int sum=();
      for(IntWritable val : values){
        sum+=val.get();
      }
      result.set(sum);
      context.write(key, result);
    }
  }
  public static void main(String[] args) throws Exception{
    // 初始化 Configuration，读取 mapreduce 系统配置信息
    Configuration conf=new Configuration();
    // 构建 Job 并且加载计算程序 worldCount.class
    Job job=Job.getInstance(conf, "world count");
    job.setJarByClass(worldCount.class);
    // 指定 Mapper、Combiner、Reducer，也就是自己继承实现的类
    job.setMapperClass(TokenizerMapper.class);
    job.setCombinerClass(IntSumReducer.class);
    job.setReducerClass(IntSumReducer.class);
    // 设置输入输出数据
    job.setOutputKeyClass(Text.class);
    job.setOutputValueClass(IntWritable.class);
    FileInputFormat.addInputPath(job, new Path(args[0]));
    FileOutputFormat.setOutputPath(job, new Path(args[1]));
    System.exit(job.waitForCompletion(true) ? 0 : 1);
  }
}
```

上述代码会发现在指定 Mapper 以及 Reducer 时，还指定了 Combiner 类。Combiner 是一个本地化的 Reduce 操作（因此 worldCount 类中是用 Reduce 进行加载的）。它是 Map 运算的后续操作，与 Map 在同一个主机上进行，主要是在 Map 计算出中间文件前做一个简单的合并重复 key 值的操作，减少中间文件的大小，这样在后续进行到 Shuffle（数据从一个分区移动到另一个分区的过程）时，可以降低网络传输成本，提高网络传输效率。

提交 MR 作业的命令：

```
hadoop jar{程序的jar包}{任务名称}{数据输入路径}{数据输出路径}
```

例如：

```
Hadoop jar hadoop-mapreduce-worldcount.jar worldCount /sample/input /sample/output
```

上述代码示意图如图 1-10 所示。

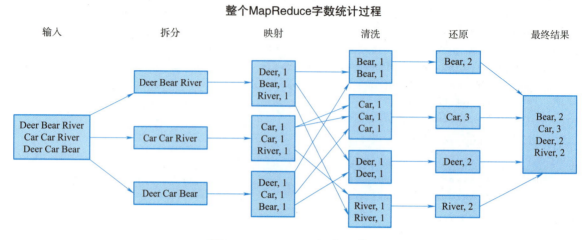

图 1-10　worldCount 运行示意图

MapReduce 的中间结果，包括最后的输出都是存储在本地磁盘上。

MapReduce 的两大优势如下：

①并行处理：在 MapReduce 中，将作业划分为多个节点，每个节点同时处理作业的一部分。因此，MapReduce 基于 Divide andConquer 范例（官网案例），它帮助我们使用不同的机器处理数据。由于数据由多台机器而不是单台机器并行处理，因此处理数据所需的时间会减少很多。

②数据位置：将计算部分移动到 MapReduce 框架中的数据，而不是将数据移动到计算部分。数据分布在多个节点中，其中每个节点处理驻留在其上的数据部分。

这使得具 MapReduce 有以下优势：
- 将处理单元移动到数据所在位置可以降低网络成本。
- 由于所有节点并行处理其部分数据，因此处理时间缩短。
- 每个节点都会获取要处理的数据的一部分，因此节点不会出现负担过重的可能性。

但是，MapReduce 也有其限制：

①不能进行流式计算和实时计算，只能计算离线数据。

②中间结果存储在磁盘上，加大了磁盘的 I/O 负载，且读取速度比较慢。

③开发麻烦，例如 worldcount 功能就需要很多的设置和代码量，而 Spark 将会非常简单。

### 3. Yarn

Apache Hadoop Yarn 是开源 Hadoop 分布式处理框架中的资源管理和作业调度技术。作为 Apache Hadoop 的核心组件之一，Yarn 负责将系统资源分配给在 Hadoop 集群中运行的各种应用程序，并调度要在不同集群节点上执行的任务。

Yarn 的基本思想是将资源管理和作业调度/监视的功能分解为单独的 daemon（守护进程），其拥有一个全局 ResourceManager（RM）和每个应用程序的 ApplicationMaster（AM）。应用程序可以是单个作业，也可以是作业的 DAG。

ResourceManager 和 NodeManager 构成了数据计算框架。ResourceManager 是在系统中的所有应用程序之间仲裁资源的最终权限。NodeManager 是每台机器框架代理，负责 Container（容器），监视其资源使用情况（CPU、内存、磁盘、网络）并将其报告给 ResourceManager。

每个应用程序 ApplicationMaster 实际上是一个框架特定的库，其任务是协调来自 ResourceManager 的资源，并与 NodeManager 一起执行和监视任务。

在 Yarn 体系结构中，ResourceManager 作为守护程序运行，作为架构中全局的 master 角色，通常在专用计算机上运行，它在各种竞争应用程序之间仲裁可用的群集资源。ResourceManager 跟踪群集上可用的活动节点和资源的数量，并协调用户提交的应用程序应获取哪些资源及事件。ResourceManager 是具有此信息的单个进程，因此它可以共享、安全和多租户的方式进行调度决策。

当用户提交应用程序时，将启动名为 ApplicationMaster 的轻量级进程实例，以协调应用程序中所有任务的执行。这包括监视任务，重新启动失败的任务，推测性地运行慢速任务，以及计算应用程序计数器的总值。ApplicationMaster 和属于其应用程序的任务在 NodeManagers 控制的资源容器中运行。

NodeManager 有许多动态创建的资源容器。容器的大小取决于它包含的资源量，如内存、CPU 等。节点上的容器数是配置参数和用于守护程序及 OS 的资源之外的节点资源总量（如总 CPU 和总内存）的乘积。

ApplicationMaster 可以在容器内运行任何类型的任务。例如，MapReduce ApplicationMaster 请求容器启动 Map 或 Reduce 任务，而 Giraph ApplicationMaster 请求容器运行 Giraph 任务。用户还可以实现运行特定任务的自定义 ApplicationMaster。

在 Yarn 中，MapReduce 简单地降级为分布式应用程序的角色（但仍然是非常流行且有用的），现在称为 MRv2。

此外，Yarn 通过 ReservationSystem 支持资源预留的概念，ReservationSystem 允许用户通过配置文件来指定资源的时间和时间约束（例如，截止日期），并保留资源以确保重要作业的可预测执行。ReservationSystem 可跟踪资源超时，执行预留的准入控制，并动态指示基础调度程序确保预留已满。

（1）Yarn 基本服务组件

Yarn 总体上是 Master/Slave 结构，在整个资源管理框架中，ResourceManager 为 Master，NodeManager 是 Slave。

Yarn 主要由 ResourceManager、ApplicationMaster、NodeManager 和 Container 等几个组件构成。

ResourceManager 是 Master 上一个独立运行的进程，负责集群统一的资源管理、调度、分配等。

ApplicationMaster 相当于这个 Application（应用）的监护人和管理者，负责监控、管理这个 Application 的所有 Attempt（尝试）在 Cluster（集群）中各个节点上的具体运行，同时负责 Yarn ResourceManager 申请资源、返还资源等。

NodeManager 是 Slave 上一个独立运行的进程，负责上报节点的状态。

Container 是 Yarn 中分配资源的一个单位，包含内存、CPU 等资源。Yarn 以 Container 为单位分配资源；

ResourceManager 负责对各个 NadeManager 上的资源进行统一管理和调度。当用户提交一个应用程序时，需要提供一个用以跟踪和管理这个程序的 ApplicationMaster，它负责向 ResourceManager 申请资源，并要求 NodeManger 启动可以占用一定资源的任务。由于不同的 ApplicationMaster 被分布到不同的节点上，因此它们之间不会相互影响。

Client（客户端）向 ResourceManager 提交的每一个应用程序都必须有一个 ApplicationMaster，它经过 ResourceManager 分配资源后，运行于某一个 Slave 节点的容器中，具体做事情的 Task（任务），同样也运行于某一个 Slave 节点的容器中。

① ResourceManager（RM）：RM 是一个全局的资源管理器，集群只有一个，负责整个系统的资源管理和分配，包括处理客户端请求、启动/监控 ApplicationMaster、监控 NodeManager、资源的分配与调度。它主要由两个组件构成：调度器（Scheduler）和应用程序管理器（Applications Manager，ASM）。

- 调度器：根据容量、队列等限制条件（如每个队列分配一定的资源，最多执行一定数量的作业等），将系统中的资源分配给各个正在运行的应用程序。需要注意的是，该调度器是一个"纯调度器"，它从事任何与具体应用程序相关的工作。例如，不负责监控或者跟踪应用的执行状态等，也不负责重新启动因应用执行失败或者硬件故障而产生的失败任务，这些均交由应用程序相关的 ApplicationMaster 完成。

调度器仅根据各个应用程序的资源需求进行资源分配，而资源分配单位用一个抽象概念"资源容器"（ResourceContainer, Container）表示。Container 是一个动态资源分配单位，它将内存、CPU、磁盘、网络等资源封装在一起，从而限定每个任务使用的资源量。

- 应用程序管理器：主要负责管理整个系统中所有应用程序，接收 Job 的提交请求，为应用分配第一个 Container 来运行 ApplicationMaster，包括应用程序提交、与调度器协商资源以启动 ApplicationMaster、监控 ApplicationMaster 运行状态并在失败时重新启动它等。

② ApplicationMaster：管理 Yarn 内运行的应用程序的每个实例。关于 Job 或应用的管理都是由 ApplicationMaster 进程负责的，Yarn 允许用户为自己的应用开发 ApplicationMaster。其功能如下：

- 数据切分。
- 为应用程序申请资源并进一步分配给内部任务。
- 任务监控与容错。
- 负责协调来自 ResourceManager 的资源，并通过 NodeManager 监视容器的执行和资源使用情况。

可以说，ApplicationMaster（AM）与 ResourceManager 之间的通信是整个 Yarn 应用从提交到运行的最核心部分，是 Yarn 对整个集群进行动态资源管理的根本步骤，Yarn 的动态性，就是来源于多个 Application 的 ApplicationMaster 动态地和 ResourceManager 进行沟通，不断地申请、释放、再申请、再释放资源的过程。

③ NodeManager：整个集群有多个，负责每个节点上的资源和使用。NodeManager 是一个 slave 服务，负责接收 ResourceManager 的资源分配请求，分配具体的 Container 给应用。同时，它还负责监控并报告 Container 使用信息给 ResourceManager。通过和 ResourceManager 配合，NodeManager 负责整个 Hadoop 集群中的资源分配工作。

功能：负责 NodeManager 本节点上的资源使用情况和各个 Container 的运行状态（CPU 和内存等资源）。

- 接收及处理来自 ResourceManager 的命令请求，分配 Container 给应用的某个任务。
- 定时地向 ResourceManager 汇报以确保整个集群平稳运行，ResourceManager 通过收集每个 NodeManager 报告信息来追踪整个集群健康状态，而 NodeManager 负责监控自身的健康状态。

- 处理来自 ApplicationMaster 的请求。
- 管理所在节点每个 Container 的生命周期。
- 管理每个节点上的日志。
- 执行 Yarn 上应用的一些额外的服务，如 MapReduce 的 Shuffle 过程。
- 当一个节点启动时，它会向 ResourceManager 进行注册并告知 ResourceManager 自己有多少资源可用。在运行期，通过 NodeManager 和 ResourceManager 协同工作，这些信息会不断被更新并保障整个集群发挥出最佳状态。

NodeManager 只负责管理自身的 Container，并不知道运行在它上面的应用信息。负责管理应用信息的组件是 ApplicationMaster。

④ Container：Container 是 Yarn 中的资源抽象，它封装了某个节点上的多维度资源，如内存、CPU、磁盘、网络等。当 AM 向 RM 申请资源时，RM 为 AM 返回的资源便是用 Container 表示的。Yarn 会为每个任务分配一个 Container，且该任务只能使用该 Container 中描述的资源。

Container 和集群节点的关系：一个节点会运行多个 Container，但一个 Container 不会跨节点。任何一个 Job 或 Application（应用）必须运行在一个或多个 Container 中，在 Yarn 框架中，ResourceManager 只负责告诉 ApplicationMaster 哪些 Containers 可以用，ApplicationMaster 还需要去找 NodeManager 请求分配具体的 Container。

**注意**：Container 是一个动态资源划分单位，是根据应用程序的需求动态生成的。目前为止，Yarn 仅支持 CPU 和内存两种资源，且使用了轻量级资源隔离机制 Cgroups 进行资源隔离。

功能：
- 对 Task（任务）环境进行抽象。
- 描述一系列信息。
- 任务运行资源的集合（CPU、内存、IO 等）。
- 任务运行环境。

（2）Yarn 应用提交过程

Application 在 Yarn 中的执行过程可以总结为三步：

① 应用程序提交。

② 启动应用的 ApplicationMaster 实例。

③ ApplicationMaster 实例管理应用程序的执行。

具体提交过程如下：

① 用户将应用程序提交到 ResourceManager 上。

② ResourceManager 为应用程序 ApplicationMaster 申请资源，并与某个 NodeManager 通信启动第一个 Container，以启动 ApplicationMaster。

③ ApplicationMaster 与 ResourceManager 注册进行通信，为内部要执行的任务申请资源，一旦得到资源后，将与 NodeManager 通信，以启动对应的 Task。

④ 所有任务运行完成后，ApplicationMaster 向 ResourceManager 注销，整个应用程序运行结束。

（3）Resource-Request 和 Container

Yarn 的设计目标就是允许各种应用以共享、安全、多租户的形式使用整个集群。并且，为了保证集群资源调度和数据访问的高效性，Yarn 还必须能够感知整个集群拓扑结构。

为了实现这些目标，ResourceManager 的调度器 Scheduler 为应用程序的资源请求定义了一些灵活的协议，通过它就可以对运行在集群中的各个应用做更好的调度，因此，这就诞生了 Resource-Request 和 Container。

一个应用先向 ApplicationMaster 发送一个满足自己需求的资源请求，然后 ApplicationMaster 把这个资源请求以 Resource-Request 的形式发送给 ResourceManager 的 Scheduler，Scheduler 再在这个原始的 Resource-Request 中返回分配到的资源描述 Container。

每个 Resource-Request 可看作一个可序列化的 Java 对象，包含的字段信息如下：

```
<resource-name,priority,resource-requirement,number-of-containers>
- resource-name: 资源名称，现阶段指的是资源所在的 host 和 rack，后期可能还会支持虚拟机或者
                 更复杂的网络结构
- priority: 资源的优先级
- resource-requirement: 资源的具体需求，现阶段指内存和 CPU 需求的数量
- number-of-containers: 满足需求的 Container 的集合
```

ApplicationMaster 在得到这些 Containers 后，还需要与分配 Container 所在机器上的 NodeManager 交互来启动 Container 并运行相关任务。当然，Container 的分配是需要认证的，以防止 ApplicationMaster 去请求集群资源。

### 1.3.2 Storm

#### 1. Storm 的主要特性

Storm 是一个分布式实时流式计算平台。主要特性如下：

① 简单的编程模型：类似于 MapReduce 降低了并行批处理复杂性，Storm 降低了实时处理的复杂性，只需要实现几个接口即可 [Spout（数据源）实现 ISpout 接口，Bolt 实现 IBolt 接口]。

② 支持多种语言：可以在 Storm 之上使用各种编程语言。默认支持 Clojure、Java、Ruby 和 Python。要增加对其他语言的支持，只需要实现一个简单的 Storm 通信协议即可。

③ 容错性：Nimbus、Supervisor 都是无状态的，可以用 kill-9 来杀死 Nimbus 和 Supervisor 进程，然后再重启它们，任务照常进行；当 Worker 失败后，Supervisor 会尝试在本机重启它。

④ 分布式：计算是在多个线程、进程和服务器之间并行进行的。

⑤ 持久性、可靠性：消息被持久化到本地磁盘，并且支持数据备份防止数据丢失。

⑥ 可靠的消息处理：Storm 保证每个消息至少能得到一次完整处理。任务失败时，它会负责从消息源重试消息（Ack 机制）。

⑦ 快速、实时：Storm 保证每个消息能得到快速的处理。

#### 2. Storm 的核心组件

① Nimbus：即 Storm 的 Master，负责资源分配和任务调度。一个 Storm 集群只有一个 Nimbus。

② Supervisor：即 Storm 的 Slave，负责接收 Nimbus 分配的任务，管理所有 Worker，一个 Supervisor 节点中包含多个 Worker 进程。

③ Worker：工作进程，每个工作进程中都有多个 Task。

④ Task：任务，在 Storm 集群中每个 Spout 和 Bolt 都由若干个任务来执行。每个任务都与一个执行线程相对应。

⑤ Topology：计算拓扑，Storm 的拓扑是对实时计算应用逻辑的封装，它的作用与 MapReduce 的任务（Job）很相似，区别在于 MapReduce 的一个 Job 在得到结果之后总会结束，而拓扑会一直在集群中运行，直到手动去终止。拓扑还可以理解成由一系列通过数据流相互关联的 Spout 和 Bolt 组成的拓扑结构。

⑥ Stream：数据流，是 Storm 中最核心的抽象概念。一个数据流指的是在分布式环境中并行创建、处理的一组元组（Tuple）的无界序列。数据流可以由一种能够表述数据流中元组的域（Field）的模式来定义。

⑦ Spout：数据源，是拓扑中数据流的来源。一般 Spout 会从一个外部的数据源读取元组然后将它们发送到拓扑中。根据需求的不同，Spout 既可以定义为可靠的数据源，也可以定义为不可靠的数据源。一个可靠的 Spout 能够在它发送的元组处理失败时重新发送该元组，以确保所有的元组都能得到正确的处理；相对应的，不可靠的 Spout 就不会在元组发送之后对元组进行任何其他的处理。一个 Spout 可以发送多个数据流。

⑧ Bolt：拓扑中所有的数据处理均是由 Bolt 完成的。通过数据过滤（filtering）、函数处理（functions）、聚合（aggregations）、联结（joins）、数据库交互等功能，Bolt 几乎能够完成任何一种数据处理需求。一个 Bolt 可以实现简单的数据流转换，而更复杂的数据流转换通常需要使用多个 Bolt 并通过多个步骤完成。

⑨ Stream Grouping：为拓扑中的每个 Bolt 确定输入数据流是定义一个拓扑的重要环节。数据流分组定义了在 Bolt 的不同任务中划分数据流的方式。在 Storm 中有八种内置的数据流分组方式。

⑩ Reliability：可靠性。Storm 可以通过拓扑来确保每个发送的元组都能得到正确处理。通过跟踪由 Spout 发出的每个元组构成的元组树可以确定元组是否已经完成处理。每个拓扑都有一个"消息延时"参数，如果 Storm 在延时时间内没有检测到元组是否处理完成，就会将该元组标记为处理失败，并会在稍后重新发送该元组。

## 1.3.3 Flink

在当前的互联网用户、设备、服务等激增的时代下，其产生的数据量已不可同日而语。各种业务场景都会有大量的数据产生，如何对这些数据进行有效处理是很多企业需要考虑的问题。以往我们所熟知的 MapReduce、Storm、Spark 等框架可能在某些场景下已经没法完全地满足用户的需求，或者实现需求所付出的代价，无论是代码量还是架构的复杂程度可能都没法满足预期的需求。新场景的出现催生出新的技术，Flink 即为实时流的处理提供了新的选择。

### 1. 处理无界和有界数据

任何类型的数据都是作为事件流产生的。信用卡交易、传感器测量、机器日志或网站或移动应用程序上的用户交互，所有这些数据都作为流生成。

数据可以作为无界流或有界流处理：

①无界流有一个起点，但没有定义的终点，它们不会终止并在生成数据时提供数据。无限制的流必须被连续处理，即事件被摄取后必须立即处理。无法等待所有输入数据到达，因为输入是无界的，并且在任何时间都不会完成。处理无限制的数据通常要求以特定顺序（例如事件发生的顺序）提取事件，以便能够推断出结果的完整性。

②有界流具有定义的开始和结束。可以通过在执行任何计算之前提取所有数据来处理有界流。由

于有界数据集始终可以排序，因此不需要有序摄取即可处理有界流。绑定流的处理也称为批处理。

有界流与无界流示意图如图 1-11 所示。

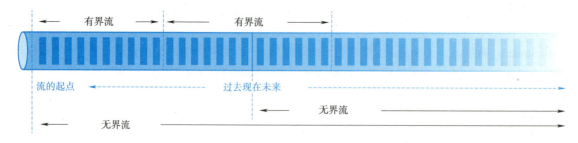

图 1-11　有界流与无界流示意图

Apache Flink 擅长处理无界和有界数据集。精确控制时间和状态使 Flink 的运行时能够在无界流上运行任何类型的应用程序。有界流由算法和数据结构内部处理，这些算法和数据结构专门针对固定大小的数据集而设计，从而产生出色的性能。

### 2. 随处部署应用程序

Apache Flink 是一个分布式系统，需要计算资源才能执行应用程序。Flink 与所有常见的集群资源管理器（如 Hadoop Yarn、Apache Mesos 和 Kubernetes）集成，但也可以设置为独立群集运行。

Flink 旨在与前面列出的每个资源管理器配合使用。这是通过特定于资源管理器的部署模式实现的，该模式允许 Flink 以其惯用方式与每个资源管理器进行交互。

部署 Flink 应用程序时，Flink 会根据应用程序配置的并行性自动识别所需的资源，并向资源管理器请求它们。如果发生故障，Flink 会通过请求新资源来替换发生故障的容器；提交或控制应用程序的所有通信均通过 REST 调用进行。这简化了 Flink 在许多环境中的集成。

### 3. 运行任意规模应用

Flink 旨在任意规模上运行有状态流式应用。因此，应用程序可能被并行化为数千个任务，这些任务分布在集群中并发执行。所以，应用程序能够充分利用无尽的 CPU、内存、磁盘和网络 I/O。而且 Flink 很容易维护非常大的应用程序的状态。其异步和增量的检查点算法对处理延迟产生最小的影响，同时保证精确一次状态的一致性。

Flink 用户报告了其生产环境中一些令人印象深刻的扩展性数字：

①处理每天数万亿的事件。

②应用维护几 TB 大小的状态。

③应用程序在数千个内核的运行。

### 4. 利用内存性能

有状态的 Flink 程序针对本地状态访问进行了优化。任务的状态始终保留在内存中，如果状态大小超过可用内存，则会保存在能高效访问的磁盘数据结构中。因此，任务通过访问本地（通常在内存中）状态来进行所有的计算，从而产生非常低的处理延迟。Flink 通过定期和异步地对本地状态进行持久化存储来保证故障场景，精确一次状态的一致性。

Flink 任务内存图解如图 1-12 所示。

# 第 1 章 大数据与 Spark 简介

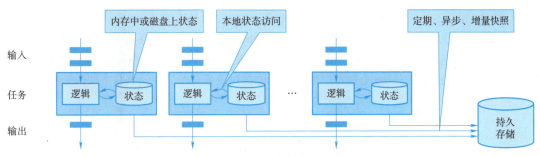

图 1-12 Flink 任务内存图解

5. Flink 组件栈

Flink 组件栈如图 1-13 所示。

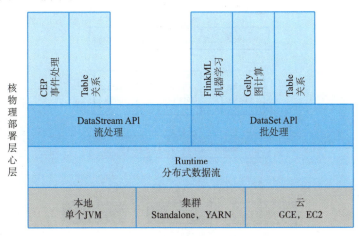

图 1-13 Flink 组件栈

运行时层以 JobGraph 形式接收程序。JobGraph 即为一个一般化的并行数据流图（data flow diagram，DFD），它拥有任意数量的 Task 来接收和产生数据流。

DataStream API 和 DataSet API 都会使用单独编译的处理方式生成 JobGraph。DataSet API 使用 Optimizer（最优控制）来决定针对程序的优化方法，而 DataStream API 则使用 Stream Builder（流电成器）来完成该任务。

在执行 JobGraph 时，Flink 提供了多种候选部署方案（如 local、remote、Yarn 等）。

Flink 附随了一些产生 DataSet 或 DataStream API 程序的类库和 API：处理逻辑表查询的 Table、机器学习的 FlinkML、图像处理的 Gelly、CEP（complex event processing，复杂事件处理）。

## 1.3.4 Beam

IBMChecking Tool for Bugs Errors and Mistakes 是由 IBM 开发的静态代码分析工具，它可用于分析并查找 C、C++ 和 Java 代码中的一些不容易发现的潜在错误，从而提高代码质量。由于这个工具多用于 Linux/AIX 平台上对 C 和 C++ 语言的检查分析，而使用其在最常用的 Windows 平台上对 Java 进行静态分析的人不多，因此经验不足，文档匮乏。本文的主要目的是介绍如何在 Windows 上成功运行 BEAM，检查 Java 代码中的潜在错误，从而提高代码的安全性和稳定性。

Apache Beam 主要由 Beam SDK 和 Beam Runner 组成，Beam SDK 定义了开发分布式数据处理任务

业务逻辑的 API 接口，生成的分布式数据处理任务 Pipeline 交给具体的 Beam Runner 执行引擎。Apache Beam 目前支持的 API 接口是由 Java 语言实现的，Python 版本的 API 正在开发之中。Apache Beam 支持的底层执行引擎包括 Apache Flink、Apache Spark 以及 GoogleCloud Platform，此外 Apache Storm、Apache Hadoop、Apache Gearpump 等执行引擎的支持也在讨论或开发当中。其基本架构如图 1-14 所示。

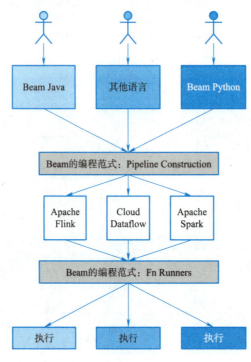

图 1-14　Beam 基本架构图

1. Apache Beam SDK

Beam SDK 提供了一个统一的编程模型，该模型可以表示和转换任何大小的数据集，无论输入是来自批处理数据源的有限数据集，还是来自流数据源的无限数据集。Beam SDK 使用相同的类来表示有界和无界数据，并且使用相同的转换对这些数据进行操作。可以使用选择的 Beam SDK 来构建定义数据处理管道的程序。

Beam 当前支持以下特定于语言的 SDK：Java、Python、Go。

2. Apache Beam Pipeline Runners

Beam Pipeline 运行器将使用 Beam 程序定义的数据处理管道转换为与选择的分布式处理后端兼容的 API。运行 Beam 程序时，需要为要在其中执行管道的后端指定适当的运行程序。

Beam 当前支持与以下分布式处理后端一起使用的 Runner：Apache Apex、Apache Flink、Apache Gearpump、Apache Samza、Apache Spark、GoogleCloud Dataflow、Hazelcast Jet。

# 小　结

本章介绍了大数据和 Spark 的基本概念和特点，主要内容包括以下几方面：

①大数据的概念：大数据是指数据量非常庞大、处理难度极高的数据集合。随着信息化的发展和互联网的普及，大数据已经成了一个热门话题和研究领域。

②大数据的特点：大数据的特点包括四方面：数据量大、数据种类多、数据处理复杂、数据价值密度低。这些特点给大数据的处理带来了巨大的挑战。

③Spark 的概念：Spark 是一种快速、通用、可扩展的分布式计算引擎，它能够处理大规模数据，具有高效性和容错性。Spark 支持多种编程语言和数据源，适用于各种数据处理场景。

④Spark 的特点：包括速度快、易于使用、支持多种数据源和编程语言、支持多种数据处理模式、具有高容错性、易于扩展等。

本章还介绍了 Spark 的主要组件和基本架构，包括 SparkCore、Spark SQL、Spark Streaming、MLlib 和 GraphX 等组件，以及 Spark 的分布式架构和运行模式。

最后，本章还介绍了 Spark 的应用场景，包括数据分析、机器学习、图形处理等多个领域。同时，还介绍了 Spark 生态系统中的一些重要工具和应用程序，如 Hadoop、Yarn、Mesos 等。

通过本章的学习，读者可以初步了解大数据和 Spark 的基本概念、特点、组件和应用场景，为进一步深入学习和应用打下基础。

## 习 题

1. 大数据的 5V 特点包括（　　　）、高速、低价值密度、真实性。

2. 大数据是由结构化数据、半结构化数据和（　　　）数据组成的。

3. Hadoop 是一个数据管理系统，作为（　　　）的核心，汇集了结构化和非结构化的数据。

4. Hadoop 是一个大规模（　　　），拥有超级计算能力。

5. （　　　）是基于 Hadoop 的一个数据仓库工具，用来进行数据提取、转化、加载，这是一种可以存储、查询和分析存储在（　　　）中的大规模数据的机制。

# 第 2 章

# Spark 集群安装配置

## 学习目标

- 掌握 Linux 操作系统安装。
- 掌握 JDK、Hadoop、ZooKeeper、Scala 安装。
- 掌握 Spark 环境搭建。
- 理解 Spark 运行架构与原理。
- 了解 Spark Shell。

## 素质目标

- 具备对大数据和分布式计算技术的基本理解和认识。
- 具备独立学习和解决问题的能力。
- 具备团队合作和沟通的能力。

Spark 集群安装配置需要首先进行集群规划，要确定以下问题：
①集群节点数，每个节点资源：节点数量、每个节点 CPU、内存、硬盘大小。
②节点主机名和 IP 地址。
③ Spark 与 HDFS 是否混合部署。
④主从节点个数及对应角色。

## 2.1 集群环境准备

### 2.1.1 系统环境配置

1. 安装 Linux 操作系统：CentOS

关于操作系统的安装这里不做详细介绍，本次安装的操作系统为 CentOS 7，可以在阿里镜像网站

# 第 2 章　Spark 集群安装配置

或者官网下载镜像。

使用的软件：VMware Workstation。

操作系统安装要求：

①无桌面版最小化安装。

②网络连接方式：NAT。

③内存 2 GB 及以上。

④磁盘大小 30 GB 及以上。

⑤CPU 两核以上。

2．网络环境配置

在操作系统安装完成后需要配置虚拟机的网卡信息。

（1）NAT 信息查看

①打开 VMware。

②选择"编辑"→"虚拟网络编辑器"命令。

③选择 VMnet8，NAT 模式，设置如图 2-1 所示。

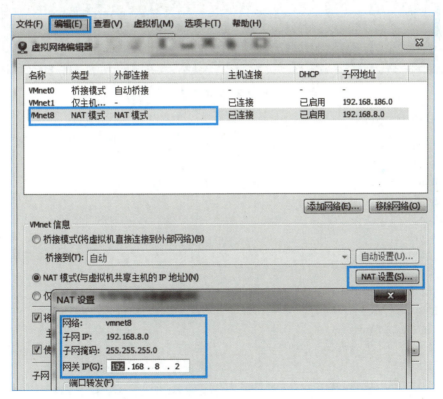

图 2-1　NAT 设置

这里子网掩码为 255.255.225.0，网关为 192.168.8.2。

（2）打开虚拟机命令行界面，修改网卡信息

使用 vi 命令编辑文件 /etc/sysconfig/network-scripts/ifcfg-ens33 文件，添加修改文件信息，可以使用 ip addr 命令或者 ifconfig 命令查看网卡信息，如图 2-2 所示。

# Spark 大数据分析

```
[root@localhost ~]# ip addr
1: lo: <LOOPBACK,UP,LOWER_UP> mtu 65536 qdisc noqueue state UNKNOWN qlen 1
    link/loopback 00:00:00:00:00:00 brd 00:00:00:00:00:00
    inet 127.0.0.1/8 scope host lo
       valid_lft forever preferred_lft forever
    inet6 ::1/128 scope host
       valid_lft forever preferred_lft forever
2: ens33: <BROADCAST,MULTICAST,UP,LOWER_UP> mtu 1500 qdisc pfifo_fast state UP qlen 1000
    link/ether 00:0c:29:02:48:db brd ff:ff:ff:ff:ff:ff
    inet 192.168.8.50/24 brd 192.168.8.255 scope global ens33
       valid_lft forever preferred_lft forever
    inet6 fe80::df0a:21e6:48d7:4d7a/64 scope link
       valid_lft forever preferred_lft forever
[root@localhost ~]# ifconfig
ens33: flags=4163<UP,BROADCAST,RUNNING,MULTICAST>  mtu 1500
        inet 192.168.8.50  netmask 255.255.255.0  broadcast 192.168.8.255
        inet6 fe80::df0a:21e6:48d7:4d7a  prefixlen 64  scopeid 0x20<link>
        ether 00:0c:29:02:48:db  txqueuelen 1000  (Ethernet)
        RX packets 162  bytes 15818 (15.4 KiB)
        RX errors 0  dropped 0  overruns 0  frame 0
        TX packets 145  bytes 22198 (21.6 KiB)
        TX errors 0  dropped 0 overruns 0  carrier 0  collisions 0

lo: flags=73<UP,LOOPBACK,RUNNING>  mtu 65536
        inet 127.0.0.1  netmask 255.0.0.0
        inet6 ::1  prefixlen 128  scopeid 0x10<host>
        loop  txqueuelen 1 (Local Loopback)
        RX packets 0  bytes 0 (0.0 B)
        RX errors 0  dropped 0  overruns 0  frame 0
        TX packets 0  bytes 0 (0.0 B)
        TX errors 0  dropped 0 overruns 0  carrier 0  collisions 0
```

图 2-2　网卡信息

网卡信息修改内容如下：

```
vi /etc/sysconfig/network-scripts/ifcfg-ens33
TYPE=Ethernet
PROXY_METHOD=none
BROWSER_ONLY=no
BOOTPROTO=static                        ###
DEFROUTE=yes
IPV4_FAILURE_FATAL=no
IPV6INIT=yes
IPV6_AUTOCONF=yes
IPV6_DEFROUTE=yes
IPV6_FAILURE_FATAL=no
IPV6_ADDR_GEN_MODE=stable-privacy
NAME=ens33
UUID=41c1df11-b684-484b-8a98-fe76cefdfdac
DEVICE=ens33
ONBOOT=yes                              ###
IPADDR=192.168.8.50                     ###
NETMASK=255.255.255.0                   ###
GATEWAY=192.168.8.2                     ###
DNS1=8.8.8.8                            ###
```

## 第 2 章 Spark 集群安装配置

带 "###" 的内容为修改与添加的部分，具体说明如下：
① BOOTPROTO：设置采用静态 IP 模式。
② ONBOOT：设置该网络为开机自启动。
③ IPADDR：该网络的 IP 地址。
④ NETMASK：该网络的子网掩码。
⑤ GATEWAY：该网络的网关地址。
⑥ DNS1：该网络的 DNS 服务器，该选项配置后虚拟机可以访问外部网络（前提是物理机可以上网）。
文件编辑命令：
"i" 进入编辑模式，"ESC" 退出编辑模式，"：wq" 保存并退出，"：q!" 退出不保存。
修改完成后保存并退出，重启网卡命令如下：

```
service network restart
```

重启网卡界面如图 2-3 所示。

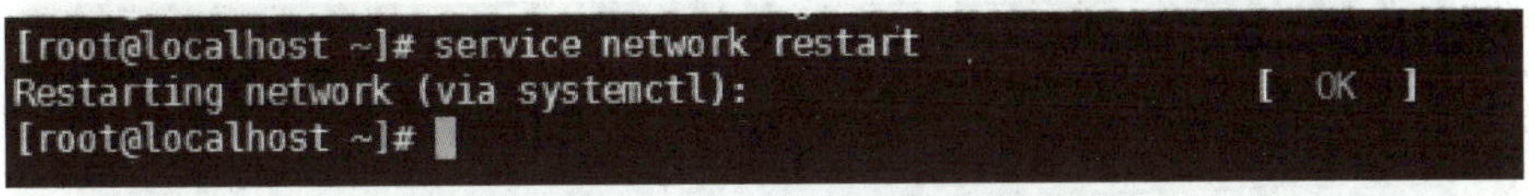

```
[root@localhost ~]# service network restart
Restarting network (via systemctl):                    [  OK  ]
[root@localhost ~]#
```

图 2-3　重启网卡

网卡重启后使用 ping 命令测试能否上网，按【Ctrl+C】组合键退出命令如下：

```
ping www.baidu.com
```

网络联通测试界面如图 2-4 所示。

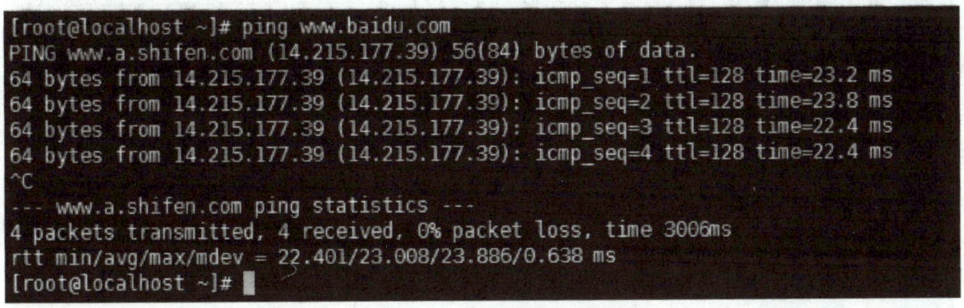

```
[root@localhost ~]# ping www.baidu.com
PING www.a.shifen.com (14.215.177.39) 56(84) bytes of data.
64 bytes from 14.215.177.39 (14.215.177.39): icmp_seq=1 ttl=128 time=23.2 ms
64 bytes from 14.215.177.39 (14.215.177.39): icmp_seq=2 ttl=128 time=23.8 ms
64 bytes from 14.215.177.39 (14.215.177.39): icmp_seq=3 ttl=128 time=22.4 ms
64 bytes from 14.215.177.39 (14.215.177.39): icmp_seq=4 ttl=128 time=22.4 ms
^C
--- www.a.shifen.com ping statistics ---
4 packets transmitted, 4 received, 0% packet loss, time 3006ms
rtt min/avg/max/mdev = 22.401/23.008/23.886/0.638 ms
[root@localhost ~]#
```

图 2-4　网络联通测试

3. 配置防火墙
CentOS 7 默认使用的是 firewall 作为防火墙。firewall 操作如下：

```
service firewalld status;# 查看防火墙状态
```

其中，status 的几种状态：disabled 表明已经禁止开机启动；enable 表示开机自启；inactive 表示防火墙关闭状态；activated（running）表示为开启状态。
开启防火墙：

```
service firewalld start
systemctl start firewalld.service
```

关闭防火墙：

```
service firewalld stop
systemctl stop firewalld.service
```

重启防火墙：

```
service firewalld restart
systemctl restart firewalld.service
```

禁止防火墙开机自启：

```
systemctl disable firewalld.service
```

设置防火墙开机启动：

```
systemctl enable firewalld
```

这里需要关闭防火墙并且关闭开机自启，如图 2-5 所示。

图 2-5 关闭防火墙

### 4. 主机名修改

下面介绍一下 vi 与 vim 的使用方法。

vi 编辑器是所有 UNIX 及 Linux 操作系统下标准的编辑器，相当于 Windows 操作系统中的记事本。它是一款强大的文本编辑器，是使用 Linux 操作系统不可缺少的工具。对于 UNIX 及 Linux 操作系统的任何版本，vi 编辑器是完全相同的。

vim 具有程序编辑的能力，可以字体颜色辨别语法的正确性，方便程序设计。由于程序简单，编辑速度相当快速。

vim 可以当作 vi 的升级版本，它可以用多种颜色的方式显示一些特殊的信息。

vim 会依据文件扩展名或者文件内的开头信息，判断该文件的内容而自动地执行该程序的语法判断式，再以颜色来显示程序代码与一般信息。

vim 中加入了很多额外的功能，如支持正则表达式的搜索、多文件编辑、块复制等，对于在 Linux 上进行一些配置文件的修改工作非常有用。

最小化安装的虚拟机中没有 vim 命令，需要安装，命令如下：

```
yum install-y vim
```

vim 安装界面如图 2-6 所示。

①使用 vim 或 vi 编辑文件 /etc/hostname 文件，命令如下：

```
vim /etc/hostname
```

删除文件中所有内容，添加图 2-7 所示的信息。

第 2 章　Spark 集群安装配置

图 2-6　vim 安装

图 2-7　主机名修改一

② 编辑 /etc/sysconfig/network 文件，命令如下：

vim /etc/sysconfig/network

添加图 2-8 所示的配置。

图 2-8　主机名修改二

③ 重启虚拟机，命令如下：

reboot

## 2.1.2　JDK 安装

### 1. 面向对象编程语言——Java

Java 是一门面向对象编程语言，不仅吸收了 C++ 语言的各种优点，还摒弃了 C++ 里难以理解的多继承、指针等概念，因此 Java 语言具有功能强大和简单易用两个特征。Java 语言作为静态面向对象编程语言的代表，极好地实现了面向对象理论，方便程序员以面向对象的思维方式进行复杂的编程。Java 具有简单性、面向对象、分布式、健壮性、安全性、平台独立与可移植性、多线程、动态性等特点。利用 Java 可以编写桌面应用程序、Web 应用程序、分布式系统和嵌入式系统应用程序等。

1996 年 1 月，Sun 公司发布了 Java 的第一个开发工具包（JDK 1.0），这是 Java 发展历程中的重要里程碑，标志着 Java 成为一种独立的开发工具。9 月，约 8.3 万个网页应用了 Java 技术来制作。10 月，Sun 公司发布了 Java 平台的第一个即时（JIT）编译器。自此之后 JDK 1.2、JDK 1.3 等相继问世，2004 年 9 月 30 日，J2SE 1.5 发布，成为 Java 语言发展史上的又一里程碑。为了表示该版本的重要性，J2SE

视　频

JDK安装

1.5 更名为 Java SE 5.0（内部版本号 1.5.0），代号为 Tiger，Tiger 包含了从 1996 年发布 1.0 版本以来的最重大的更新，其中包括泛型支持、基本类型的自动装箱、改进的循环、枚举类型、格式化 I/O 及可变参数。2006 年 11 月 13 日，Sun 公司宣布，将 Java 技术作为免费软件对外发布。Sun 公司正式发布的有关 Java 平台标准版的第一批源代码，以及 Java 迷你版的可执行源代码。从 2007 年 3 月起，全世界所有的开发人员均可对 Java 源代码进行修改。2009 年，甲骨文公司宣布收购 Sun 公司。2011 年，甲骨文公司举行了全球性的活动，以庆祝 Java 7 的推出，随后 Java 7 正式发布。2014 年，甲骨文公司发布了 Java 8 正式版，此后又相继发布了 Java 的升级版本，如 Java SE 9~Java SE 17 等。

2. JDK

JDK（Java Development Kit）是 Java 语言的软件开发工具包，主要用于移动设备、嵌入式设备上的 Java 应用程序。JDK 是整个 Java 开发的核心，它包含了 Java 的运行环境（JVM+Java 系统类库）和 Java 工具。JDK 包含的基本组件包括：

① javac：编译器，将源程序转成字节码。
② jar：打包工具，将相关的类文件打包成一个文件。
③ javadoc：文档生成器，从源码注释中提取文档。
④ jdb：debugger，查错工具。
⑤ java：运行编译后的 Java 程序（扩展名为 .class）。
⑥ appletviewer：小程序浏览器，一种执行 HTML 文件上的 Java 小程序的 Java 浏览器。
⑦ Javah：产生可以调用 Java 过程的 C 过程，或建立能被 Java 程序调用的 C 过程的头文件。
⑧ Javap：Java 反汇编器，显示编译类文件中的可访问功能和数据，同时显示字节代码含义。
⑨ Jconsole：Java 进行系统调试和监控的工具。

Java 结构图如图 2-9 所示。

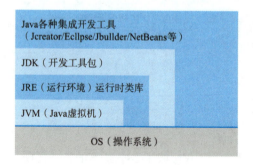

图 2-9　Java 结构图

3. JRE

JRE（Java Runtime Environment，Java 运行环境）包括 JVM（Java 虚拟机）、Java 核心类库和支持文件，不包含开发工具（JDK）——编译器、调试器和其他工具。JRE 需要辅助软件（Java Plug-in）以便在浏览器中运行 applet。

JRE 可以支撑 Java 程序的运行，包括 JVM 虚拟机（java.exe 等）和基本的类库（rt.jar 等），JDK 可以支持 Java 程序的开发，包括编译器（javac.exe）、开发工具（javadoc.exe、jar.exe、keytool.exe、jconsole.exe）和更多的类库（如 tools.jar）等。

### 4. JDK 安装

Hadoop 采用的开发语言是 Java，所以搭建 Hadoop 集群的前提是先安装 JDK。本书选择的 JDK 版本是 Oracle 官方的 JDK 8，这里使用的是 tar.gz 安装包，如图 2-10 所示。

Java SE Development Kit 8u202

You must accept the Oracle Binary Code License Agreement for Java SE to download this software.

Thank you for accepting the Oracle Binary Code License Agreement for Java SE; you may now download this software.

| Product / File Description | File Size | Download |
|---|---|---|
| Linux ARM v6/v7 Soft Float ABI | 72.86 MB | jdk-8u202-linux-arm32-vfp-hflt.tar.gz |
| Linux ARM v6/v7 Soft Float ABI | 69.75 MB | jdk-8u202-linux-arm64-vfp-hflt.tar.gz |
| Linux x86 | 173.08 MB | jdk-8u202-linux-i586.rpm |
| Linux x86 | 187.9 MB | jdk-8u202-linux-i586.tar.gz |
| Linux x64 | 170.15 MB | jdk-8u202-linux-x64.rpm |
| Linux x64 | 185.05 MB | jdk-8u202-linux-x64.tar.gz |
| Mac OS X x64 | 249.15 MB | jdk-8u202-macosx-x64.dmg |
| Solaris SPARC 64-bit (SVR4 package) | 125.09 MB | jdk-8u202-solaris-sparcv9.tar.Z |
| Solaris SPARC 64-bit | 88.1 MB | jdk-8u202-solaris-sparcv9.tar.gz |
| Solaris x64 (SVR4 package) | 124.37 MB | jdk-8u202-solaris-x64.tar.Z |
| Solaris x64 | 85.38 MB | jdk-8u202-solaris-x64.tar.gz |
| Windows x86 | 201.64 MB | jdk-8u202-windows-i586.exe |
| Windows x64 | 211.58 MB | jdk-8u202-windows-x64.exe |

*Back to top*

图 2-10　JDK 下载预览

CentOS 操作系统会自带 OpenJDK 环境，在安装 JDK 之前，需要检查系统中是否存在 OpenJDK 环境，如果存在，需要先卸载。操作步骤如下：

（1）卸载 OpenJDK

查找依赖库，如果不存在，则跳过此步骤：

```
rpm-qa|grep java
```

卸载依赖库：

```
rpm-e--nodeps xx
```

（2）将下载的 JDK 安装包上传到虚拟机并解压到指定目录

解压到当前目录：

```
tar zxvf jdk-8u202-linux-x64.tar.gz
```

创建目录用来存放解压后的文件：

```
mkdir /usr/local/app
```

移动 JDK 到 app 目录：

```
mv jdk1.8.0_202 /usr/local/app
```

（3）环境变量配置

编辑 /etc/profile 文件：

```
vim /etc/profile
```

# Spark 大数据分析

在配置文件最下方添加如下配置：编辑完成后保存并退出，如图 2-11 所示。

```
export JAVA_HOME=/usr/local/app/jdk1.8.0_202
export PATH=$PATH:$JAVA_HOME/bin
```

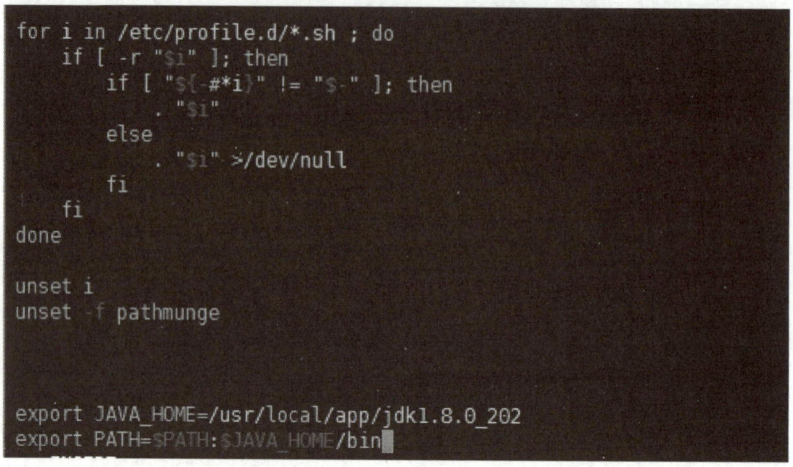

图 2-11　JDK 环境变量配置

（4）使配置生效

使用 source 命令使配置生效：

```
source /etc/profile
```

（5）JDK 环境验证，命令如下：

```
java -version
```

出现图 2-12 所示的 JDK 版本后表示 JDK 环境变量配置成功。

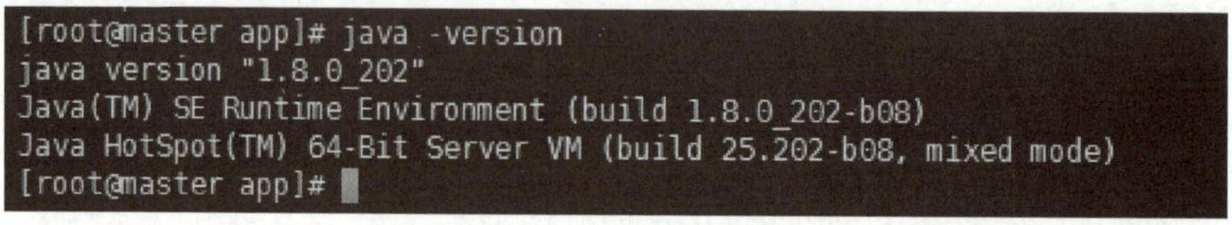

图 2-12　JDK 环境验证

## 2.1.3　Hadoop 集群部署

视 频

Hadoop集群
部署

本节介绍如何在 Linux 操作系统环境下搭建基础的 Hadoop 集群，包含基础环境的配置、Hadoop 集群核心文件的配置以及集群效果的验证等，所有的配置需要在所有主机上操作。

搭建 Hadoop 集群需要至少三台虚拟机或物理机，在前面的章节中已经准备好了一台虚拟机，这里需要以相同的方式再创建三台，对应的 IP 根据实际情况指定。

在搭建集群之前，需要保证三台 Linux 虚拟机准备就绪。集群配置信息见表 2-1。

表 2-1 集群配置信息

| 主 机 名 | 角 色 | 内 存 | CPU |
|---|---|---|---|
| master | NameNode<br>DataNode<br>NodeManager<br>ResourceManager | 2 GB | 1 核 |
| slave1 | SecondaryNameNode<br>DataNode<br>NodeManager | 2 GB | 1 核 |
| slave2 | NodeManager<br>DataNode | 2 GB | 1 核 |
| slave3 | NodeManager<br>DataNode | 2 GB | 1 核 |

1. 基础环境配置

搭建 Hadoop 集群需要配置以下信息：
①配置虚拟机网络（NAT 联网方式）。
②修改网卡信息。
③修改主机名。
④主机名与 IP 映射。
⑤关闭防火墙。
⑥ SSH 免密登录。
⑦ JDK 安装。
⑧同步集群时间。

根据 2.1.1 与 2.1.2 节中的内容完成①②③⑤⑦这 5 个操作，在配置完成后开始主机名与 IP 映射、SSH 免密登录、同步集群时间的操作。

（1）主机名与 IP 映射（所有主机）

```
vim /etc/hosts
```

在文件中加入以下内容，IP 地址需要根据当前环境配置，如图 2-13 所示。

```
192.168.8.50 master
192.168.8.51 slave1
192.168.8.52 slave2
192.168.8.53 slave3
```

图 2-13 IP 映射

## （2）SSH 免密登录

集群各个节点之间需要保证能够互相通信（Master-Slave、Slave-Maste、Master-Master），这里需要用到 SSH。命令如下：

生成密钥（四个回车），如图 2-14 所示。

```
ssh-keygen-t rsa
```

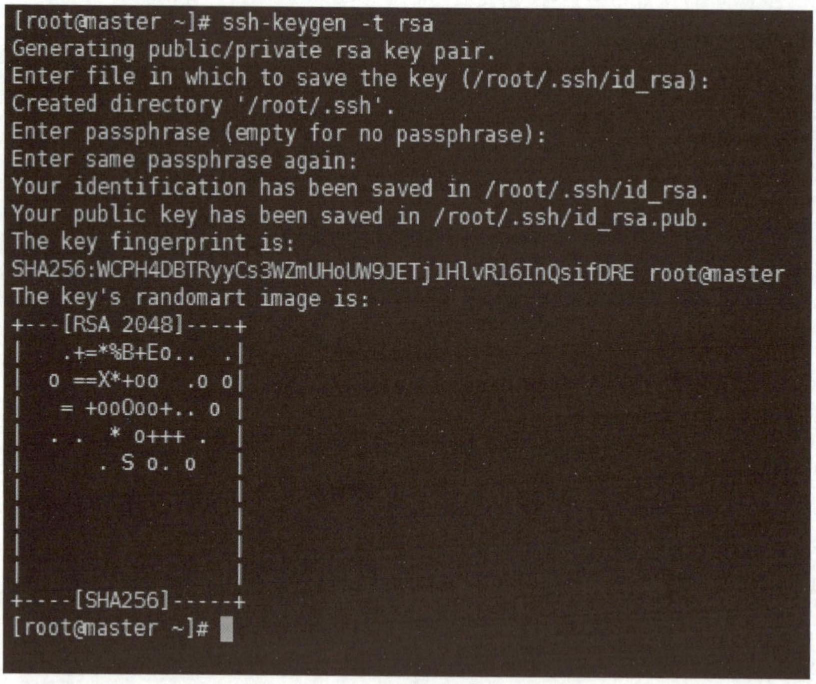

图 2-14　密钥生成

执行完这个命令后，会生成两个文件 id_rsa（私钥）、id_rsa.pub（公钥），将公钥复制到要免密登录的机器上（Master、Slave1、Slave2），包括自己到自己的免密登录。

公钥复制如图 2-15 所示。

```
ssh-copy-id slave1
```

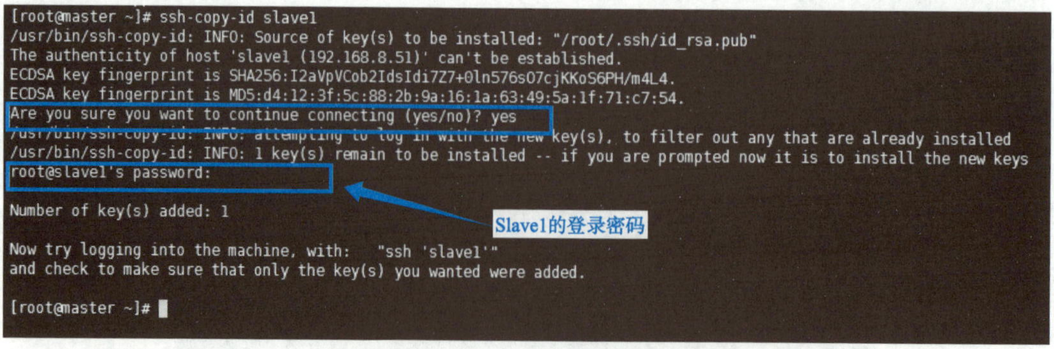

图 2-15　公钥复制

最小化安装的 CentOS 7 中可能出现没有 ssh-copy-id 命令的错误，使用 yum install-y openssh-client 后再试。

（3）集群时间同步

集群时间如果不同步可能会出现服务启动失败的情况，可以手动同步时间或者网络同步，使用 date 命令可以查看当前时间。

常用的手动同步命令如下：

```
date-s "2019-08-08"
```

时间可以任意指定，但是要保证所有节点时间一致。

网络同步需要安装插件，命令如下：

```
yum install -y ntpdate
```

时间同步命令如下：

```
ntpdate cn.pool.ntp.org
```

### 2. Hadoop 部署

本书使用的 Hadoop 版本是 Hadoop 2.7.4，在集群部署时，需要配置几个核心文件。所需配置文件如下：hadoop-env.sh、core-site.xml、hdfs-site.xml、mapred-site.xml、yarn-site.xml、slaves。

（1）安装包解压与环境变量配置

在 Hadoop 官网下载 hadoop-2.7.4.tar.gz 安装包上传到 master 节点并解压到 /usr/local/app 目录下，然后配置环境变量。

①安装包解压：

```
tar zxvf hadoop-2.7.4.tar.gz -C /usr/local/app
```

②配置环境变量：

```
vim /etc/profile
```

③添加如下配置：

```
export HADOOP_HOME=/usr/local/app/hadoop-2.7.4
export PATH=$PATH:$HADOOP_HOME/bin
```

使配置生效

```
source /etc/profile
```

（2）hadoop-env.sh

Hadoop 所有的配置文件都在 Hadoop 安装目录下的 etc/hadoop 目录下：

```
cd /usr/local/app/hadoop-2.7.4/etc/hadoop/
vim hadoop-env.sh
```

修改 JAVA_HOME 的路径，如图 2-16 所示。

```
export JAVA_HOME=/usr/local/app/jdk1.8.0_202
```

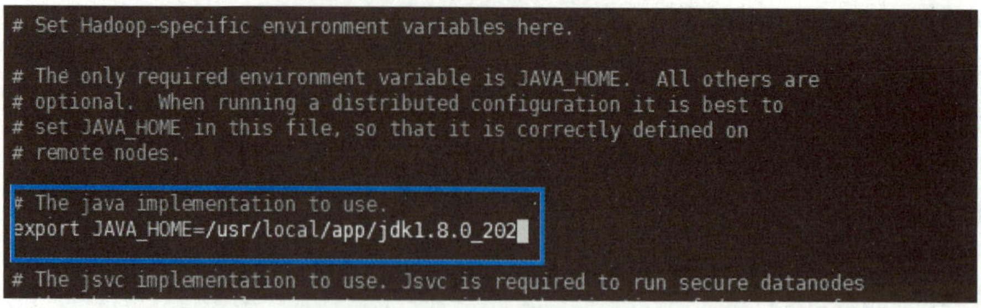

```
# Set Hadoop-specific environment variables here.

# The only required environment variable is JAVA_HOME.  All others are
# optional.  When running a distributed configuration it is best to
# set JAVA_HOME in this file, so that it is correctly defined on
# remote nodes.

# The java implementation to use.
export JAVA_HOME=/usr/local/app/jdk1.8.0_202

# The jsvc implementation to use. Jsvc is required to run secure datanodes
```

图 2-16　修改 JAVA_HOME 的路径

（3）core-site.xml

在 &lt;configuration&gt;&lt;/configuration&gt; 标签中加入如下配置：

```xml
<!-- 指定 Hadoop 所使用的文件系统 schema(URI),HDFS 的 NameNode 地址 -->
<property>
    <name>fs.defaultFS</name>
    <value>hdfs: //master: 900</value>
</property>
<!-- 指定 hadoop 运行时产生文件的存储目录，默认 /tmp/hadoop-${user.name}-->
<property>
    <name>hadoop.tmp.dir</name>
    <value>/root/data/hddata</value>
</property>
```

文件存储目录需要手动创建，命令如下：

```
mkdie-p /root/data/hddata
```

（4）hdfs-site.xml

在 &lt;configuration&gt;&lt;/configuration&gt; 标签中加入如下配置：

```xml
<!-- 指定 HDFS 副本的数量 -->
<property>
    <name>dfs.replication</name>
    <value>3</value>
</property>

  <!-- 指定 secondaryNameNode 所在主机 -->
<property>
    <name>dfs.namenode.secondary.http-address</name>
    <value>slave1: 50090</value>
</property>
```

（5）mapred-site.xml

mapred-site.xml 在目录中是模板文件，是不生效的，需要复制或者重命名将文件后面的 template 去掉，这里直接重命名。

```
mv mapred-site.xml.template mapred-site.xml
vi mapred-site.xml
```

在 <configuration></configuration> 标签中加入如下配置:

```
<!-- 指定 MR 运行时框架,这里指定在 yarn 上,默认是 local-->
<property>
    <name>mapreduce.framework.name</name>
    <value>yarn</value>
</property>
```

(6) yarn-site.xml

在 <configuration></configuration> 标签中加入如下配置:

```
<!-- 指定 Yarn 的 ResourceManager 地址 -->
<property>
    <name>yarn.resourcemanager.hostname</name>
    <value>master</value>
</property>

<!-- NodeManager 上运行的附属服务。 需要配置成 mapreduce_shuffle,
            才可运行 MapReduce 程序默认值: ""-->
<property>
    <name>yarn.nodemanager.aux-services</name>
    <value>mapreduce_shuffle</value>
</property>
```

(7) slaves

删除文件中的信息,添加如下配置:

```
master
slave1
slave2
slave3
```

通常,选择集群中的一台机器作为 NameNode,另外一台不同的机器作为 JobTracker。余下的机器既为 DataNode,又作为 TaskTracker,这些被称之为 slaves。

(8) 文件分发

在 Master 节点上配置完成后将 /usr/local/app 目录下 Hadoop 安装文件 hadoop-2.7.4 发送到其他三个节点上,命令如下:

Slave1:

```
scp-r /usr/local/app/hadoop-2.7.4/ root@slave1: /usr/local/app/
```

Slave2:

```
scp-r /usr/local/app/hadoop-2.7.4/ root@slave2: /usr/local/app/
```

Slave3：

```
scp-r /usr/local/app/hadoop-2.7.4/ root@slave3: /usr/local/app/
```

文件分发完成后配置环境变量。

（9）格式化 NameNode（本质是对 NameNode 进行初始化）

切换到 Master 节点 Hadoop 安装目录的 bin 目录下，然后执行如下命令，如图 2-17 所示。

```
hdfs namenode-format
```

或

```
hadoop namenode-format
```

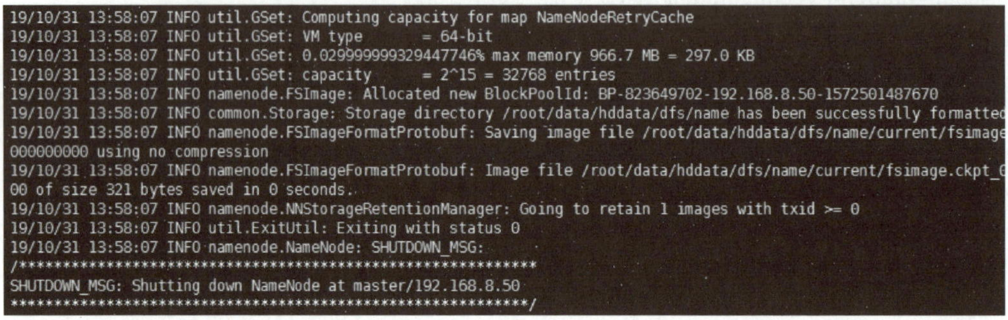

```
19/10/31 13:58:07 INFO util.GSet: Computing capacity for map NameNodeRetryCache
19/10/31 13:58:07 INFO util.GSet: VM type       = 64-bit
19/10/31 13:58:07 INFO util.GSet: 0.029999999329447746% max memory 966.7 MB = 297.0 KB
19/10/31 13:58:07 INFO util.GSet: capacity      = 2^15 = 32768 entries
19/10/31 13:58:07 INFO namenode.FSImage: Allocated new BlockPoolId: BP-823649702-192.168.8.50-1572501487670
19/10/31 13:58:07 INFO common.Storage: Storage directory /root/data/hddata/dfs/name has been successfully formatted
19/10/31 13:58:07 INFO namenode.FSImageFormatProtobuf: Saving image file /root/data/hddata/dfs/name/current/fsimage
000000000 using no compression
19/10/31 13:58:07 INFO namenode.FSImageFormatProtobuf: Image file /root/data/hddata/dfs/name/current/fsimage.ckpt_0
00 of size 321 bytes saved in 0 seconds.
19/10/31 13:58:07 INFO namenode.NNStorageRetentionManager: Going to retain 1 images with txid >= 0
19/10/31 13:58:07 INFO util.ExitUtil: Exiting with status 0
19/10/31 13:58:07 INFO namenode.NameNode: SHUTDOWN_MSG:
/************************************************************
SHUTDOWN_MSG: Shutting down NameNode at master/192.168.8.50
************************************************************/
```

图 2-17　格式化 namenode

（10）启动 Hadoop 集群

①启动 HDFS。在 master 节点启动 HDFS：

```
cd /usr/local/app/hadoop-2.7.4/sbin
./start-dfs.sh
```

停止：

```
./stop-dfs.sh
```

②启动 yarn：

```
./start-yarn.sh
```

停止：

```
./stop-yarn.sh
```

③启动方式二（全部启动或全部停止）：

启动命令：

```
start-all.sh
```

停止命令：

```
stop-all.sh
```

④ 验证是否启动成功。

使用 jps 命令查看 hadoop 进程：

```
master:
1861 ResourceManager
1973 NodeManager
2168 Jps
1625 DataNode
1502 NameNode
slave1:
10689 Jps
10522 SecondaryNameNode
10429 DataNode
10589 NodeManager
slave2:
10673 Jps
10475 DataNode
10573 NodeManager
slave3:
1108 DataNode
1206 NodeManager
1306 Jps
```

（11）HDFS 管理界面

集群启动完成后打开浏览器访问 http://master 的 IP:50070，如图 2-18 所示。

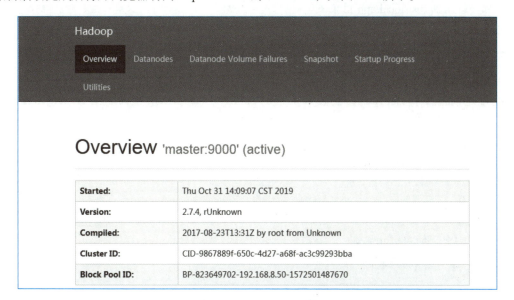

图 2-18　hdfs 管理界面

（12）MR 管理界面

集群启动完成后打开浏览器访问 http://master 的 IP:8088，如图 2-19 所示。

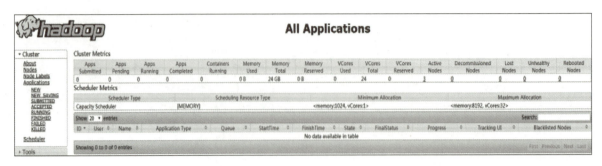

图 2-19　MR 管理界面

### 2.1.4 ZooKeeper 集群部署

ZooKeeper 是一个分布式的，开放源码的应用程序协调服务，是 Hadoop 和 HBase 的重要组件。它是一个为分布式应用提供一致性服务的软件，提供的功能包括：配置维护、域名服务、分布式同步、组服务等。

本书的 ZooKeeper 是基于 3.4.5 版本，本节将介绍 ZooKeeper 集群的安装、启动，以及验证集群状态等内容。

**1. 安装**

（1）安装包下载

在 ZooKeeper 官网下载 3.4.5 版本的压缩包上传到 Master 节点解压到指定目录，本书所有的安装包都会解压到 /usr/local/app 目录下。

解压命令：

```
tar zxvf ZooKeeper-3.4.5.tar.gz-C /usr/local/app
```

（2）配置 zoo.cfg 文件

在配置之前需要将 ZooKeeper 安装目录下的 conf/zoo_sample.cfg 重命名为 zoo.cfg，编辑 zoo.cfg 文件。

重命名文件：

```
mv zoo_sample.cfg zoo.cfg
```

编辑文件：

```
vim zoo.cfg
```

添加如下配置，如图 2-20 所示。

```
#ZooKeeper 数据存放路径地址
dataDir=/usr/local/app/ZooKeeper-3.4.5/zkdata
# 各个服务节点地址
server.1=master: 2888: 3888        #（心跳端口、选举端口）
server.2=slave1: 2888: 3888
server.3=slave2: 2888: 3888
server.4=slave3: 2888: 3888
```

```
# The number of milliseconds of each tick
tickTime=2000
# The number of ticks that the initial
# synchronization phase can take
initLimit=10
# The number of ticks that can pass between
# sending a request and getting an acknowledgement
syncLimit=5
# the directory where the snapshot is stored.
# do not use /tmp for storage, /tmp here is just
# example sakes.
dataDir=/usr/local/app/zookeeper-3.4.5/zkdata
# the port at which the clients will connect
clientPort=2181
#
# Be sure to read the maintenance section of the
# administrator guide before turning on autopurge.
#
# http://zookeeper.apache.org/doc/current/zookeeperAdmin.html#sc_maintenance
#
# The number of snapshots to retain in dataDir
#autopurge.snapRetainCount=3
# Purge task interval in hours
# Set to "0" to disable auto purge feature
#autopurge.purgeInterval=1
server.1=master:2888:3888
server.2=slave1:2888:3888
server.3=slave2:2888:3888
server.4=slave3:2888:3888
```

图 2-20　zoo.cfg

（3）myid 文件

除了修改 zoo.cfg 配置文件，集群模式下还要配置一个标识自己身份也就是自己的 ID 值文件 myid，这个文件在 zoo.cfg 中 dataDir 指定的目录下。这个文件中只有一个数字，这个数字和 server.*n* 的 *n* 保持一致，该值范围为 1~255，ZooKeeper 启动时会读取这个文件，将其中的数据与 zoo.cfg 中的配置信息比较从而判断到底是哪个 server。

创建文件夹：

```
cd /usr/local/app/ZooKeeper-3.4.5
mkdir zkdata
```

在 zkdata 目录下创建 myid 文件，myid 的文件内容为 1。命令如下：

```
cd zkdata
echo 1 > myid
```

（4）环境变量配置

```
vim /etc/profile
```

添加如下配置：

```
export ZOOKEEPER_HOME=/usr/local/app/ZooKeeper-3.4.5
export PATH=$PATH: $ZOOKEEPER_HOME/bin
```

使配置生效：

```
source /etc/profile
```

（5）安装包分发

master 节点配置完成后将安装包分发到其他节点。

Slave1：

```
scp-r /usr/local/app/ZooKeeper-3.4.5/root@slave1: /usr/local/app/
```

Slave2：

```
scp-r /usr/local/app/ZooKeeper-3.4.5/root@slave2: /usr/local/app/
```

Slave3：

```
scp-r /usr/local/app/ZooKeeper-3.4.5/root@slave3: /usr/local/app/
```

安装包分发完成后配置两个节点的环境变量，到 Slave1 上修改 myid 的内容为 2，Slave2 中 myid 的内容为 3，Slave3 中 myid 的内容为 4。命令如下：

```
echo 2 > myid
echo 3 > myid
echo 4 > myid
```

（6）启动集群

在所有节点执行 zkServer.sh start 命令即可启动集群，如图 2-21 所示。

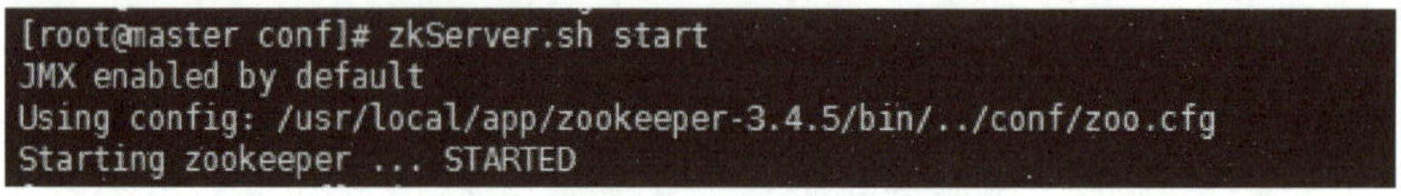

```
[root@master conf]# zkServer.sh start
JMX enabled by default
Using config: /usr/local/app/zookeeper-3.4.5/bin/../conf/zoo.cfg
Starting zookeeper ... STARTED
```

图 2-21　ZooKeeper 集群启动

停止命令为 zkServer.sh stop。

（7）验证

集群启动完成后，在终端输入 jps 命令即可查看 ZooKeeper 进程，也可以通过查看 ZooKeeper 的状态来验证，如图 2-22 所示。

```
[root@master ~]# jps
2465 QuorumPeerMain
2956 Jps
[root@master ~]#
```

图 2-22　ZooKeeper 进程

ZooKeeper 状态查看命令：

```
zkServer.sh status
```

在 ZooKeeper 集群正常启动的情况下，四个节点中会选出一个 leader 和三个 follwer。三个节点的 ZooKeeper 状态与角色如图 2-23～图 2-25 所示。

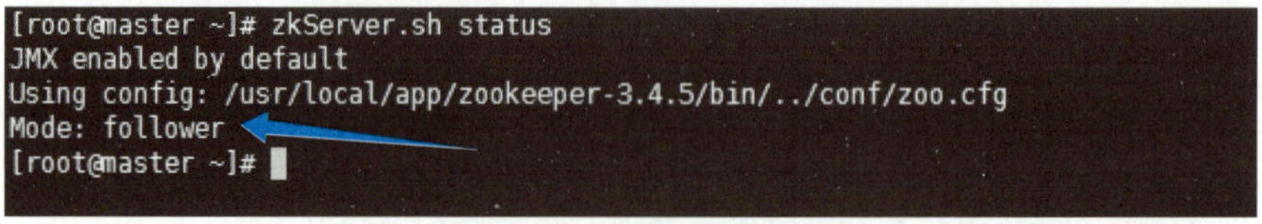

```
[root@master ~]# zkServer.sh status
JMX enabled by default
Using config: /usr/local/app/zookeeper-3.4.5/bin/../conf/zoo.cfg
Mode: follower
[root@master ~]#
```

图 2-23　Master 节点

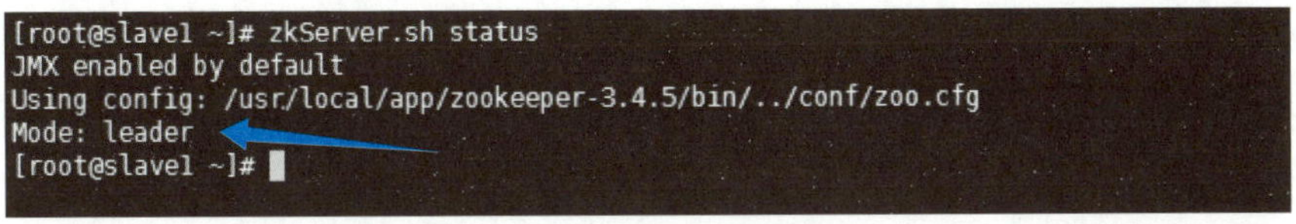

第 2 章 Spark 集群安装配置

图 2-24 Slave1 节点

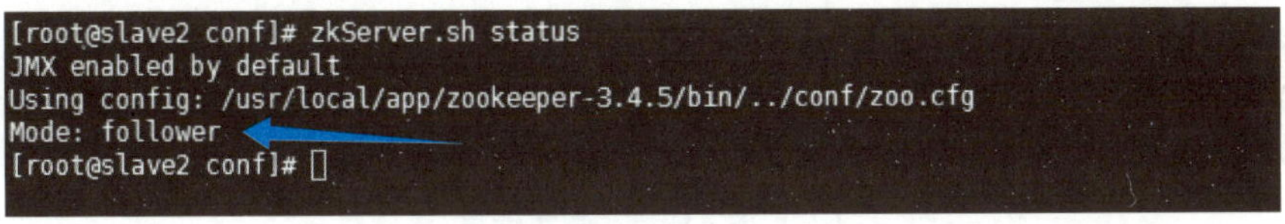

图 2-25 Slave2 节点

## 2.1.5 Scala 安装

Spark 是处理大数据的开源框架，底层使用 Scala 脚本语言开发，对 Scala 的支持最好，同时支持 Java、Python、R 语言等。Scala 是一种综合了面向对象和函数式编程概念的静态类型的多范式编程语言。Scala 运行于 Java 平台（Java 虚拟机），并兼容现有的 Java 程序。本节主要讲解 Linux 中 Scala 的安装与配置。

### 1. 安装包下载解压

本节使用的 Scala 版本是 2.11.8，在 Scala 官网下载对应的安装包上传到 Master 节点并解压到指定目录。

解压命令：

```
tar zxvf scala-2.11.8.tgz -C /usr/local/app/
```

### 2. 环境变量配置

Scala 安装并不复杂，解压完成后配置环境变量即可使用：

```
vim /etc/profile
```

添加如下配置：

```
export SCALA_HOME=/usr/local/app/scala-2.11.8
export PATH=$PATH:$SCALA_HOME/bin
```

使配置生效：

```
source /etc/profile
```

### 3. 安装文件分发

将解压出来的 Scala 发送到其他节点。

Slave1：

```
scp -r /usr/local/app/scala-2.11.8/ root@slave1:/usr/local/app/
```

Slave2：

```
scp -r /usr/local/app/scala-2.11.8/ root@slave2:/usr/local/app/
```

Slave3：

```
scp-r /usr/local/app/scala-2.11.8/ root@slave3: /usr/local/app/
```

文件分发完成后配置环境变量。

#### 4. 验证

在任一节点执行 scala-version 正常返回版本信息，则 Scala 配置成功，如图 2-26 所示。

```
[root@master ~]# scala -version
Scala code runner version 2.11.8 -- Copyright 2002-2016, LAMP/EPFL
[root@master ~]#
```

图 2-26　Scala 版本信息

## 2.2 Spark 环境搭建

目前，Apache Spark 支持三种分布式部署方式，分别是 Standalone、Spark on Mesos 和 Spark on Yarn。其中，第一种类似于 MapReduce 1.0 所采用的模式，内部实现了容错性和资源管理。后两种则是未来发展的趋势，部分容错性和资源管理交由统一的资源管理系统完成：让 Spark 运行在一个通用的资源管理系统之上，这样可以与其他计算框架（如 MapReduce）公用一个集群资源，最大的优点是降低运维成本和提高资源利用率（资源按需分配）。

### 2.2.1　Standalone 模式部署

Standalone 即独立模式，自带完整的服务，可单独部署到一个集群中，无须依赖任何其他资源管理系统。从一定程度上说，该模式是其他两种的基础。借鉴 Spark 开发模式，可以得到一种开发新型计算框架的一般思路：先设计出它的 Standalone 模式，为了快速开发，起初不需要考虑服务（如 Master/Slave）的容错性，之后再开发相应的 wrapper（流式计算），将 Standalone 模式下的服务原封不动地部署到资源管理系统 Yarn 或者 Mesos 上，由资源管理系统负责服务本身的容错。目前，Spark 在 Standalone 模式下是没有任何单点故障问题的，这是借助 ZooKeeper 实现的，思想类似于 HBase Master 单点故障解决方案。将 Spark Standalone 与 MapReduce 比较，会发现它们两个在架构上是完全一致的：

①都是由 Master/Slaves 服务组成的，且起初 Master 均存在单点故障，后来均通过 ZooKeeper 得到解决（Apache MRv1 的 JobTracker 仍存在单点问题，但 CDH 版本得到了解决）。

②各个节点上的资源被抽象成粗粒度的 Slot（槽，资源分配单位），有多少 Slot 就能同时运行多少 Task（任务）。不同的是，MapReduce 将 Slot 分为 Map Slot 和 Reduce Slot，它们分别只能供 Map Task 和 Reduce Task 使用，而不能共享，这是 MapReduce 资源利率低效的原因之一。而 Spark 则更优化一些，它不区分 Slot 类型，只有一种 Slot，可以供各种类型的 Task 使用，这种方式可以提高资源利用率，但是不够灵活，不能为不同类型的 Task 定制 Slot 资源。总之，这两种方式各有优缺点。

#### 1. 下载安装 Spark

在 Spark 官网下载 tar.gz 安装包，本节使用的是 spark 2.3.2。在下载安装包时需要对应好 Hadoop 的版本，本书使用的是 Hadoop 2.7.4。

## 第 2 章 Spark 集群安装配置

下载完成后上传安装包到 Master 节点并解压安装包到指定目录，命令如下：

```
tar zxvf spark-2.3.2-bin-hadoop2.7.tgz  -C /usr/local/app
```

### 2. 配置 Spark

安装包解压完成后需要进行相关的配置，可以在一台机器上配置好之后使用 scp 命令复制到其他机器上，在配置之前需要将四台虚拟机关机后做一个快照，方便后面两种模式的部署。

（1）进入 Spark 安装目录

```
cd /usr/local/app/spark-2.3.2-bin-hadoop2.7/
```

（2）进入 conf 目录重命 spark-env.sh.template 文件

```
cd conf
mv spark-env.sh.template spark-env.sh
```

（3）配置 spark-env.sh

```
vim spark-env.sh
```

在文件中加入如下内容：

```
export JAVA_HOME=/usr/local/app/jdk1.8.0_202
export SPARK_MASTER_IP=master
export SPARK_MASTER_PORT=7077
```

参数说明：

① JAVA_HOME：配置 Java 环境变量。
② SPARK_MASTER_IP：配置 Master 的地址。
③ SPARK_MASTER_PORT：配置 Master 的端口。

（4）重命名 slaves.template 文件

```
mv slaves.template slaves
```

（5）配置 slaves 文件

```
vim slaves
```

删除文件中的 localhost，添加如下内容：

```
slave1
slave2
slave3
```

slaves 文件配置的是从节点的主机名，也就是 Worker 所在的节点。

（6）环境变量配置

```
vim /etc/profile
```

添加如下配置：

```
export SPARK_HOME=/usr/local/app/spark-2.3.2-bin-hadoop2.7
export PATH=$PATH: $SPARK_HOME/bin: $SPARK_HOME/sbin
```

使配置生效：

```
source /etc/profile
```

（7）文件分发

将配置好的 Spark 文件分发到 Slave1、Slave2、Slave3：

```
scp-r /usr/local/app/spark-2.3.2-bin-hadoop2.7/ root@slave1: /usr/local/app/
scp-r /usr/local/app/spark-2.3.2-bin-hadoop2.7/ root@slave2: /usr/local/app/
scp-r /usr/local/app/spark-2.3.2-bin-hadoop2.7/ root@slave3: /usr/local/app/
```

（8）启动集群

在 Master 节点 Spark 安装目录的 sbin 目录下执行如下命令，如图 2-27 所示。

```
./start-all.sh
```

```
[root@master sbin]# ./start-all.sh
starting org.apache.spark.deploy.master.Master, logging to /usr/local/app/spark-2.3.2-bin-hadoop2.7/logs/spark-r
oot-org.apache.spark.deploy.master.Master-1-master.out
slave2: starting org.apache.spark.deploy.worker.Worker, logging to /usr/local/app/spark-2.3.2-bin-hadoop2.7/logs
/spark-root-org.apache.spark.deploy.worker.Worker-1-slave2.out
slave1: starting org.apache.spark.deploy.worker.Worker, logging to /usr/local/app/spark-2.3.2-bin-hadoop2.7/logs
/spark-root-org.apache.spark.deploy.worker.Worker-1-slave1.out
```

图 2-27　Spark 集群启动

停止命令为 stop-all.sh。

（9）验证

①集群启动完成后使用 jps 命令查看 Spark 进程。Master 节点的进程名为 Master，Slave1、Slave2 与 Slave3 的进程名为 Worker。

②在浏览器中访问 Spark 管理页面。在浏览器中输入 http://master 的 IP:8080，如图 2-28 所示。

Spark 2.3.2 **Spark Master at spark://master:7077**

**URL:** spark://master:7077
**REST URL:** spark://master:6066 *(cluster mode)*
**Alive Workers:** 3
**Cores in use:** 3 Total, 0 Used
**Memory in use:** 6.0 GB Total, 0.0 B Used
**Applications:** 0 Running, 0 Completed
**Drivers:** 0 Running, 0 Completed
**Status:** ALIVE

**Workers (3)**

| Worker Id | Address | State | Cores | Memory |
|---|---|---|---|---|
| worker-20191104105207-192.168.8.51-35391 | 192.168.8.51:35391 | ALIVE | 1 (0 Used) | 2.0 GB (0.0 B Used) |
| worker-20191104105207-192.168.8.52-38303 | 192.168.8.52:38303 | ALIVE | 1 (0 Used) | 2.0 GB (0.0 B Used) |
| worker-20191104105207-192.168.8.53-36553 | 192.168.8.53:36553 | ALIVE | 1 (0 Used) | 2.0 GB (0.0 B Used) |

**Running Applications (0)**

| Application ID | Name | Cores | Memory per Executor | Submitted Time | User | State | Duration |
|---|---|---|---|---|---|---|---|

**Completed Applications (0)**

| Application ID | Name | Cores | Memory per Executor | Submitted Time | User | State | Duration |
|---|---|---|---|---|---|---|---|

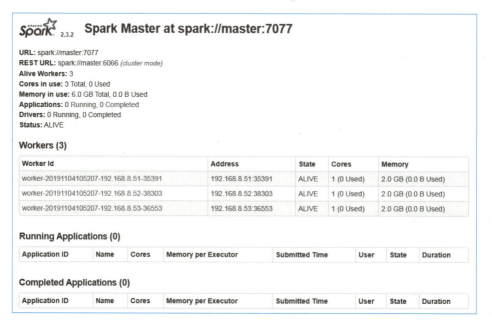

图 2-28　Spark 管理界面

## 2.2.2　Spark on Yarn 模式部署

这是一种很有前景的部署模式，但限于 Yarn 自身的发展，目前仅支持粗粒度模式。这是由于 Yarn 上的 Container 资源是不可以动态伸缩的，一旦 Container 启动之后，可使用的资源不能再发生变化。

Spark on Yarn 支持两种模式：

① yarn-cluster：适用于生产环境。

② yarn-client：适用于交互、调试。

yarn-cluster 和 yarn-client 的区别在于 yarn appMaster，每个 yarn App 实例有一个 appMaster 进程，是为 App 启动的第一个 Container；负责从 ResourceManager 请求资源，获取到资源后，告诉 NodeManager 为其启动 Container。yarn-cluster 和 yarn-client 模式内部实现还是有很大的区别。如果需要用于生产环境，可选择 yarn-cluster；如果仅仅是 Debug 程序，可以选择 yarn-client。

### 1. 安装包下载解压

在 2.2.1 节中已经下载好了安装包，这里只需要恢复快照即可。在不恢复快照的情况下，可以基于 Standalone 模式来修改配置，这里讲解完整的部署方式（Master 节点）。

（1）进入 Spark 安装目录

```
cd /usr/local/app/spark-2.3.2-bin-hadoop2.7/
```

（2）进入 conf 目录重命名 spark-env.sh.template 文件

```
cd conf
mv spark-env.sh.template spark-env.sh
```

### 2. 配置 spark-env.sh

```
vim spark-env.sh
```

在文件中加入如下内容：

```
export JAVA_HOME=/usr/local/app/jdk1.8.0_202
export SCALA_HOME=/usr/local/app/scala-2.11.8
export SPARK_MASTER_IP=master
export SPARK_WORKER_MEMORY=2048m
export HADOOP_CONF_DIR=/usr/local/app/hadoop-2.7.4/etc/hadoop
```

参数说明：

① JAVA_HOME：配置 Java 环境变量。

② SCALA_HOME：配置 Scala 环境变量。

③ SPARK_MASTER_IP：配置 Master 的地址。

④ SPARK_WORKER_MEMORY：Worker 节点上，允许 Spark 作业使用的最大内存量，格式为 1 000 MB、2 GB 等，默认最小是 1 GB 内存。

⑤ HADOOP_CONF_DIR：指定 Hadoop 配置文件所在目录。

### 3. 重命名 slaves.template 文件

```
mv slaves.template slaves
```

### 4. 配置 slaves 文件

```
vim slaves
```

删除文件中的 localhost，添加如下内容：

```
slave1
slave2
slave3
```

slaves 文件配置的是从节点的主机名，也就是 Worker 所在的节点。

### 5. 环境变量配置

```
vim /etc/profile
```

添加如下配置：

```
export SPARK_HOME=/usr/local/app/spark-2.3.2-bin-hadoop2.7
export PATH=$PATH: $SPARK_HOME/bin: $SPARK_HOME/sbin
```

使配置生效：

```
source /etc/profile
```

### 6. 文件分发

将配置好的 Spark 文件分发到 Slave1、Slave2、Slave3。

```
scp-r /usr/local/app/spark-2.3.2-bin-hadoop2.7/ root@slave1: /usr/local/app/
scp-r /usr/local/app/spark-2.3.2-bin-hadoop2.7/ root@slave2: /usr/local/app/
scp-r /usr/local/app/spark-2.3.2-bin-hadoop2.7/ root@slave3: /usr/local/app/
```

### 7. 启动集群

在 Master 节点 Spark 安装目录的 sbin 目录下执行如下命令，如图 2-29 所示。

```
./start-all.sh
```

```
[root@master sbin]# ./start-all.sh
starting org.apache.spark.deploy.master.Master, logging to /usr/local/app/spark-2.3.2-bin-hadoop2.7/logs/spark-r
oot-org.apache.spark.deploy.master.Master-1-master.out
slave2: starting org.apache.spark.deploy.worker.Worker, logging to /usr/local/app/spark-2.3.2-bin-hadoop2.7/logs
/spark-root-org.apache.spark.deploy.worker.Worker-1-slave2.out
slave1: starting org.apache.spark.deploy.worker.Worker, logging to /usr/local/app/spark-2.3.2-bin-hadoop2.7/logs
/spark-root-org.apache.spark.deploy.worker.Worker-1-slave1.out
```

图 2-29　Spark 集群启动

停止命令为 stop-all.sh。

### 8. 验证

①集群启动完成后使用 jps 命令查看 Spark 进程。Master 节点的进程名为 Master，Slave1 与 Slave2 的进程名为 Worker。

②在浏览器中访问 Spark 管理页面。在浏览器中输入 http://master 的 ip:8080，如图 2-30 所示。

**注意：** 在 Spark 集群中运行任务时需要先启动 Hadoop 集群再启动 Spark，否则会出现连接错误。

### 9. 运行实例

Spark 官方提供了供用户测试的实例，这里测试用于计算圆周率的例子。在启动 Hadoop 集群后再启动 Spark 集群，否则会出现如图 2-31 所示的错误。

图 2-30　Spark 管理界面

图 2-31　Spark 任务错误信息

根据错误信息可以看到在连接 Hadoop 集群时连接被拒绝，这个错误是因为 Hadoop 集群未启动造成。命令模板如下：

```
# Run on a Yarn cluster
export HADOOP_CONF_DIR=XXX
./bin/spark-submit\
--class org.apache.spark.examples.SparkPi\
--master yarn\
--deploy-mode cluster\  # can be client for client mode
--executor-memory 20G\
--num-executors 50\
/path/to/examples.jar\
1 000
```

在集群都启动完成后在任一节点 Spark 安装目录下执行下面命令：

```
./bin/spark-submit\
 --class org.apache.spark.examples.SparkPi\
 --master yarn\
 --deploy-mode cluster\
examples/jars/spark-examples_2.11-2.3.2.jar\
20
```

参数说明：

① class：应用程序的主类，仅针对 Java 或 Scala 应用。

② master：Master 的地址，提交任务到哪里执行，如 spark：//host：port，yarn，local。

③ deploy-mode：在本地（Client）启动 Driver 或在 Cluster 上启动，默认是 Client。

④ executor-memory：每个 Executor 的内存，默认是 1 GB。

⑤ num-executors：启动的 Executor 数量，默认为 2，在 Yarn 下使用。

⑥ 20：该算法是利用蒙特·卡罗算法求圆周率 PI，通过计算机模拟大量的随机数，最终会计算出比较精确的 π，数字越大越精确。

### 10. 任务监控

在浏览器访问 MR 管理界面（http://master 的 IP：8088）可以看到任务运行情况。在此之前需要配置 Windows 本地的 hosts 文件，Windows 11 的 hosts 文件在 C:\Windows\System32\drivers\etc 下，与配置 Linux 中 hosts 一样，将三台虚拟机的 IP 与主机名配置在文件末尾，如图 2-32 所示。

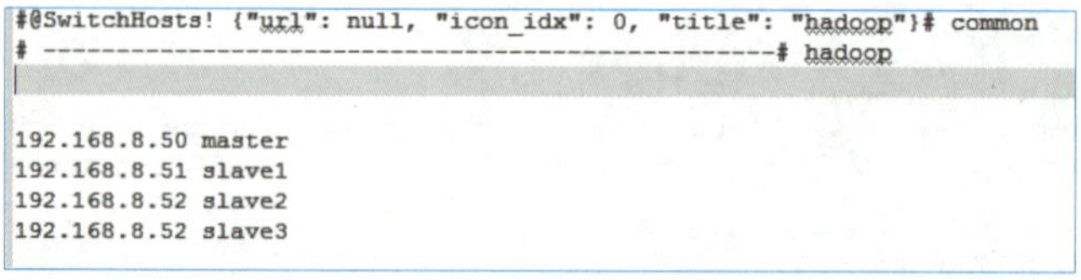

图 2-32 Windows hosts

可以打开 Windows 的 DOS 界面验证，如 ping master，如图 2-33 所示。

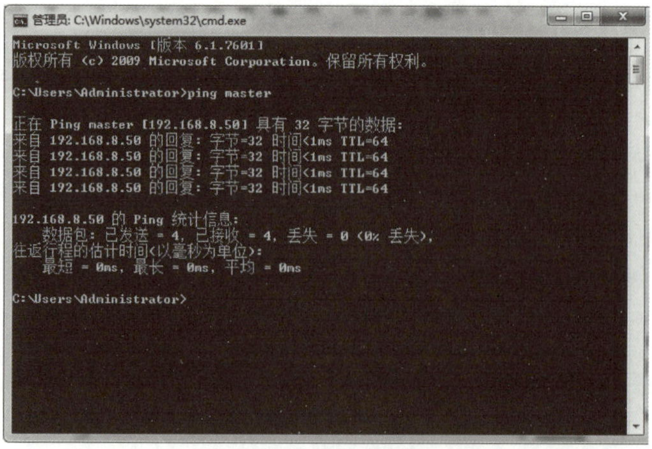

图 2-33 hosts 验证

## 第 2 章　Spark 集群安装配置

在任务运行时会打印任务信息，根据任务 ID 查看对应的信息，如图 2-34 所示。

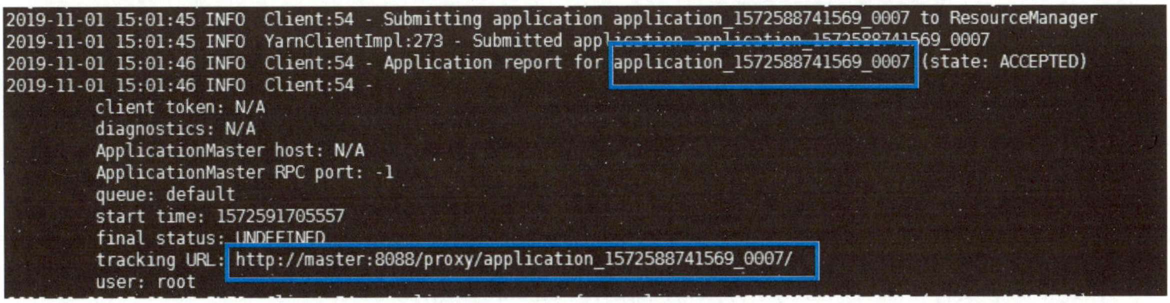

图 2-34　任务打印信息

在 MR 管理界面查看对应的任务信息，如图 2-35~图 2-37 所示。

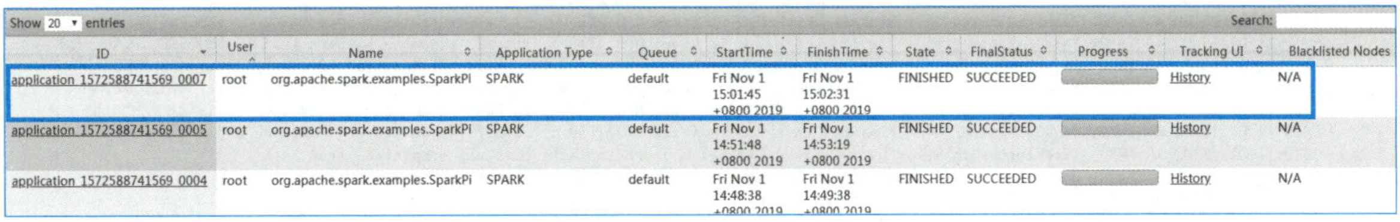

图 2-35　任务信息一

图 2-36　任务信息二

图 2-37　任务信息三

在这个日志文件中就可以看到任务执行的结果，如图 2-38 所示。

图 2-38　计算结果

## 2.2.3　Spark HA 集群部署

Spark HA集群部署

　　Spark Standalone 集群是 Master-Slaves 架构的集群模式，和大部分的 Master-Slaves 结构集群一样，存在着 Master 单点故障的问题。如何解决这个单点故障的问题，Spark 提供了两种方案：
　　①基于文件系统的单点恢复：主要用于开发或测试环境。当 Spark 提供目录保存 Spark Application 和 Worker 的注册信息，并将它们的恢复状态写入该目录中时，一旦 Master 发生故障，就可以通过重新启动 Master 进程（Sbin/start-master.sh），恢复已运行的 Spark Application 和 Worker 的注册信息。

②基于 ZooKeeper 的 Standby Masters：用于生产模式。其基本原理是通过 ZooKeeper 来选举一个 Master，其他的 Master 处于 Standby 状态。将 Spark 集群连接到同一个 ZooKeeper 实例并启动多个 Master，利用 ZooKeeper 提供的选举和状态保存功能，可以使一个 Master 被选举成活动着的 Master，而其他 Master 处于 Standby 状态。如果现任 Master 关闭，另一个 Master 会通过选举产生，并恢复到旧的 Master 状态，然后恢复调度。整个恢复过程可能要 1~2 分钟。

1. 下载解压安装包

在 2.2.1 节中已经下载好了安装包，这里只需要恢复快照即可。在不恢复快照的情况下，可以基于前面的模式来修改配置。本节主要讲解第二种方式的安装部署（Master 节点）。

（1）进入 Spark 安装目录：

```
cd /usr/local/app/spark-2.3.2-bin-hadoop2.7/
```

（2）进入 conf 目录重命名 spark-env.sh.template 文件

```
cd conf
mv spark-env.sh.template spark-env.sh
```

2. 配置 spark-env.sh

```
vim spark-env.sh
```

在文件中加入如下内容：

```
export JAVA_HOME=/usr/local/app/jdk1.8.0_202
export SCALA_HOME=/usr/local/app/scala-2.11.8
#export SPARK_MASTER_IP=master
export SPARK_WORKER_MEMORY=2048m
#export HADOOP_CONF_DIR=/usr/local/app/hadoop-2.7.4/etc/hadoop
export SPARK_DAEMON_JAVA_OPTS="-Dspark.deploy.recoveryMode=ZOOKEEPER
-Dspark.deploy.ZooKeeper.url=master: 2181,slave1: 2181,slave2: 2181,slave3: 2181
-Dspark.deploy.ZooKeeper.dir=/spark"
```

参数说明：

① spark.deploy.recoveryMode：整个集群状态是通过 ZooKeeper 来维护的，整个集群状态的恢复也是通过 ZooKeeper 来维护的。也就是说用 ZooKeeper 做了 Spark 的 HA（High Availability，高可用）配置，如果 Master（Active）异常停止，Master（Standby）要想变成 Master（Active），Master（Standby）就要有 ZooKeeper 读取整个集群状态信息，然后恢复所有 Worker 和 Driver 的状态信息，以及所有的 Application 状态信息。

② spark.deploy.ZooKeeper.url：所有配置了 ZooKeeper，并且在这台机器上有可能做 Master（Active）的机器都配置进来。

③ spark.deploy.ZooKeeper.dir：保存集群源数据信息的文件和目录。

3. 重命名 slaves.template 文件

```
mv slaves.template slaves
```

4. 配置 slaves 文件

```
vim slaves
```

删除文件中的 localhost，添加如下内容：

```
slave1
slave2
slave3
```

slaves 文件配置的是从节点的主机名，也就是 Worker 所在的节点。

### 5. 环境变量配置

```
vim /etc/profile
```

添加如下配置：

```
export SPARK_HOME=/usr/local/app/spark-2.3.2-bin-hadoop2.7
export PATH=$PATH:$SPARK_HOME/bin:$SPARK_HOME/sbin
```

使配置生效：

```
source /etc/profile
```

### 6. 文件分发

将配置好的 Spark 文件分发到 Slave1、Slave2、Slave3：

```
scp -r /usr/local/app/spark-2.3.2-bin-hadoop2.7/ root@slave1:/usr/local/app/
scp -r /usr/local/app/spark-2.3.2-bin-hadoop2.7/ root@slave2:/usr/local/app/
scp -r /usr/local/app/spark-2.3.2-bin-hadoop2.7/ root@slave3:/usr/local/app/
```

### 7. 启动集群

（1）启动 ZooKeeper

依次在所有节点启动 ZooKeeper，命令如下：

```
zkServer.sh start
```

（2）启动 Spark 集群

在 Master 节点 Spark 安装目录的 sbin 目录下执行如下命令。

```
./start-all.sh
```

（3）单独启动 Master 节点

在 Slave1 节点上再次启动 Master 服务，命令如下：

```
./start-master.sh
```

启动成功后，通过浏览器访问 http://slave1:8080，在 Web 界面查看备用 Master 状态，如图 2-39 所示。

### 8. 验证

要验证 HA 集群是否解决了单点故障，可以关闭 Master 节点上的 Master 服务来模拟主机故障。命令如下：

```
/usr/local/app/spark-2.3.2-bin-hadoop2.7/sbin/stop-master.sh
```

命令执行完后，已经无法在浏览器上通过 Master 节点访问管理界面。一段时间过后，刷新 http://slave1:8080 页面，可以看到 Slave1 节点中的 Status 变为 ALIVE，Spark 集群恢复正常（见图 2-40），说明 HA 配置解决了集群单点故障的问题。

第 2 章　Spark 集群安装配置

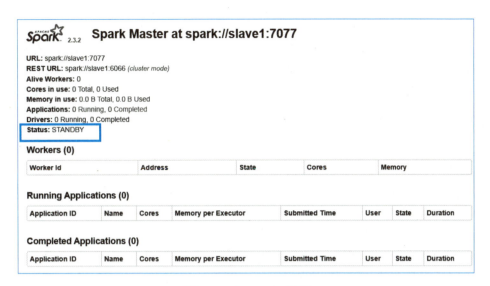

图 2-39　Spark HA 集群

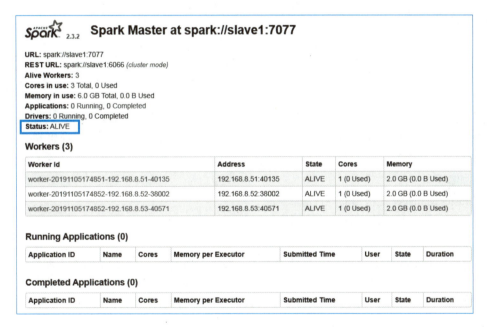

图 2-40　验证 Spark HA 集群

## 2.3　Spark 运行架构与原理

### 2.3.1　基本概念

Spark 运行架构包括集群资源管理器（cluster manager）、运行作业任务的工作节点（worker node）、每个应用的任务控制节点和每个工作节点上负责具体任务的执行进程（executor）。其中，集群资源管理器可以是 Spark 自带的资源管理器，也可以是 Yarn 或 Mesos 等资源管理框架。

与 Hadoop MapReduce 计算框架相比，Spark 所采用的 Executor（任务的执行单元）有两个优点：一是利用多线程来执行具体的任务（Hadoop MapReduce 采用的是进程模型），减少任务的启动开销；二是 Executor 中有一个 BlockManager 存储模块，会将内存和磁盘共同作为存储设备，当需要多轮迭代计算时，可以将中间结果存储到这个存储模块里，下次需要时，就可以直接读/写该存储模块里的数据，而不需要读/写到 HDFS 等文件系统里，因而有效减少了 I/O 开销；或者在交互式查询场景下，预先将表缓存到该存储系统上，从而可以提高 I/O 性能。

1. Application

用户编写的 Spark 应用程序，包含了驱动程序以及在集群上运行的程序代码，物理机器上涉及 Driver、Master、Worker 三个节点。

2. Driver

Spark 中的 Driver 运行 Application 的 main() 函数并创建 SparkContext（程序主入口），创建 SparkContext 的目的是准备 Spark 应用程序的运行环境，在 Spark 中由 SparkContext 负责与 Cluster Manager 通信，进行资源申请、任务的分配和监控等。当 Executor 部分运行完毕后，Driver 同时负责将 SparkContext 关闭。

3. Worker

集群中任何一个可以运行 Spark 应用代码的节点中，Worker 是物理节点，可以在上面启动 Executor 进程。

4. Executor

在每个 Worker 上为某应用启动的一个进程负责运行任务，并且负责将数据存在内存或者磁盘上，每个任务都有各自独立的 Executor。Executor 是一个执行任务的容器。它的主要职责如下：

①初始化程序要执行的上下文 SparkEnv（Spark 的执行环境对象），解决应用程序需要运行时的 jar 包的依赖，加载类。

②向 Cluster Manager 汇报当前的任务状态。

Executor 是一个应用程序运行的监控和执行容器。

5. RDD

RDD（resilient distributed dataset，弹性分布式数据集）是 Spark 中最基本的数据抽象，它代表一个不可变、可分区、里面的元素可并行计算的集合。RDD 具有数据流模型的特点：自动容错、位置感知性调度和可伸缩性。RDD 允许用户在执行多个查询时显式地将工作集缓存在内存中，后续的查询能够重用工作集，极大地提升了查询速度。

①Task：被送到某个 Executor 上的工作单元，但 HadoopMR 中的 MapTask 和 ReduceTask 概念一样，是运行 Application 的基本单位，多个 Task 组成一个 Stage，而 Task 的调度和管理等是由 TaskScheduler 负责。

②Job：包含多个 Task 组成的并行计算，往往由 Spark Action 触发生成，一个 Application 中往往会产生多个 Job。

③Stage：每个 Job 会被拆分成多组 Task，作为一个 TaskSet，其名称为 Stage。Stage 的划分和调度是由 DAGScheduler 来负责的，Stage 有非最终的 Stage（Shuffle Map Stage）和最终的 Stage（Result Stage）两种，Stage 的边界就是发生 Shuffle 的地方。

## 2.3.2 Spark 集群运行架构

Spark 是基于内存计算的大数据并行计算框架，比 MapReduce 计算框架具有更高的实时性，同时具有高效容错性和可伸缩性。在学习 Spark 操作之前，首先介绍 Spark 运行架构，如图 2-41 所示。

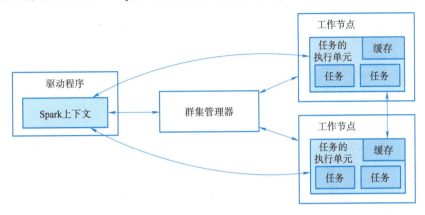

图 2-41　Spark 运行架构

Spark Application 是运行在集群上的一组独立的进程，通过主程序（称为驱动程序）中的 SparkContext 对象协调。

具体来说，为了在集群上运行，SparkContext 可以连接到几种类型的 Cluster Manager（Spark 自己独立的集群管理器，或者是 Mesos，或者是 Yarn），CM 去申请资源，一旦申请并连接成功，Spark 会在集群上面的 Executor（任务执行单元），这些 Executor 进程能够进行计算并存储数据。然后，驱动程序将应用程序的代码传到 Executor 上。最终，SparkContext 将 Tasks 发送到 Executor 上执行。

这种架构的注意事项如下：

①每一个 Application 有它自己的 Executor 进程，独立于其他 Application，这些进程存在于整个作业的生命周期并以多线程的形式运行任务（一个 Executor 能够运行多个任务）。这样可以在调度方（Driver，每个驱动程序调度自己的任务）和执行方（Executor，在不同 JVM 中运行的不同 Application 中的任务）之间隔离应用程序。然而，这意味着不同 Application 之间无法分享数据，除非将数据写在一个外部存储系统（alluxio 框架，一个分布式内存的数据框架）。

②Spark 与底层集群管理器（CM）无关。只要它可以获取执行 Executor 进程，并且这些进程相互通信，即使在支持其他应用程序的集群管理器（例如 Mesos/Yarn）上运行它也相对容易。

③驱动程序必须在其生命周期内监听并接收来自其 Executor 的传入连接。因此，驱动程序必须是来自工作节点的网络可寻址的。

④因为 Driver 在集群上调度任务，所以它应该靠近 Worker 节点运行，最好是在同一局域网上运行。如果想远程向集群发送请求，最好向 Driver 打开 RPC（remote procedure call，远程过程调用）并让它从附近提交操作，而不是远离工作节点运行驱动程序。

## 2.3.3 Spark 运行基本流程

Spark 运行架构主要由 SparkContext、Cluster Managaer 和 Worker 组成，其中 Cluster Manager 负责整个集群的同一资源管理，Worker 节点中的 Executor 是应用执行的主要进程，内部含有多个 Task 线程以及内存空间。图 2-42 所示为 Spark 运行的基本流程。

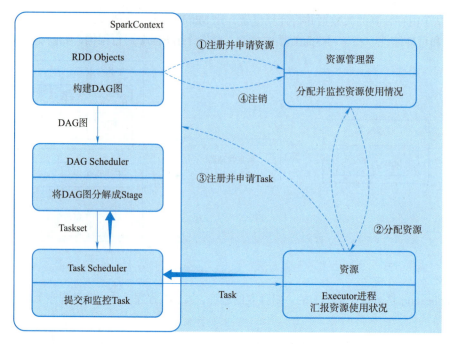

图 2-42　Spark 运行的基本流程

①构建 Spark Application 的运行环境（启动 SparkContext），SparkContext 向 Cluster Manager 注册，并申请运行 Executor 资源。

② Cluster Manager 为 Executor 分配资源并启动 Executor 进程，Executor 运行情况将随着"心跳"发送到 Cluster Manager 上。

③ SparkContext 构建 DAG 图，将 DAG 图分解成多个 Stage（阶段），并把每个 Stage 的 TaskSet（任务集）发送给 Task Scheduler（任务调度器）。Executor 向 SparkContext 申请任务，Task Scheduler 将任务发放给 Executor，同时，SparkContext 将应用程序代码发放给 Executor。

④任务在 Executor 上运行，把执行结果反馈给 Task Scheduler，然后再反馈给 DAG Scheduler（有向无环图调度器）。运行完毕后写入数据，SparkContext 向 ClusterManager 注销并释放所有资源。

DAG Scheduler 决定运行任务的理想位置，并把这些信息传递给下层的 Task Scheduler。

DAG Scheduler 把一个 Spark 作业转换成 Stage 的 DAG（directed acyclic graph，有向无环图），根据 RDD 和 Stage 之间的关系找出开销最小的调度方法，然后把 Stage 以 TaskSet 的形式提交给 Task Scheduler。此外，DAG Scheduler 还处理由于 Shuffle 数据丢失导致的失败，这有可能需要重新提交运行之前的 Stage。

Task Scheduler 维护所有 TaskSet，当 Executor 向 Driver 发送"心跳"时，Task Scheduler 会根据其资源剩余情况分配相应的任务。另外，Task Scheduler 还维护着所有任务的运行状态，重试失败的任务。

总体来说，Spark 运行机制具有以下几个特点：

①每个应用程序拥有专属的 Executor 进程，该进程在应用程序运行期间一直驻留，并以多线程方式运行任务。

这种应用程序隔离机制具有天然优势，无论是在调度方面（每个驱动调度它自己的任务），还是在运行方面（来自不同应用程序的任务运行在不同的 JVM 中）。

同时，Executor 进程以多线程的方式运行任务，减少了多进程频繁的启动开销，使得任务执行非常高效可靠。当然，这也意味着 Spark Application 不能跨应用程序共享数据，除非将数据写入外部存储系统。

② Spark 与 Cluster Manager 无关，只要能够获取 Executor 进程，并能保持相互通信即可。

③ 提交 SparkContext 的 JobClient 应该靠近 Worker Node（工作节点），最好是在同一个机架里，因为在 Spark Application 运行过程中，SparkContext 和 Executor 之间有大量的信息交换。

④ 任务采用了数据本地性和推测执行的优化机制。数据本地性是指尽量将计算移到数据所在的节点上进行，移动计算比移动数据的网络开销要小得多。同时，Spark 采用了延时调度机制，可以在更大程度上优化执行过程。

⑤ Executor 上的 BlockManager（存储模块），可以把内存和磁盘共同作为存储设备。在处理迭代计算任务时，不需要把中间结果写入分布式文件系统，而是直接存放在该存储系统，后续的迭代可以直接读取中间结果，避免了读/写磁盘。在交互式查询情况下，也可以把相关数据提前缓存到该存储系统，以提高查询性能。

## 2.4 Spark-Shell

Spark-Shell 是一个强大的交互式数据分析工具，提供了一个简单的方式学习 API。它可以使用 Scala（在 Java 虚拟机上运行现有的 Java 库的一个很好方式）或 Python，如果需要进入 Python 语言的交互式执行环境，只需要执行 pyspark 命令即可。

在 spark/bin 目录中，执行 spark-shell 命令就可以进入 Spark-Shell 交互式环境，命令如下：

```
bin/spark-shell--master<master-url>
```

Spark 的运行模式取决于传递给 SparkContext 的 Master URL 的值 <master-url> 用来指定 Spark 的运行模式。Master URL 可以是以下任一种形式：

① local 使用一个 Worker 线程本地化运行 Spark（完全不并行）。

② local[*] 使用逻辑 CPU 个数数量的线程来本地化运行 Spark。

③ local[K] 使用 K 个 Worker 线程本地化运行 Spark（理想情况下，K 应该根据运行机器的 CPU 核数设置）。

④ spark：//HOST:PORT 连接到指定的 Spark Standalone Master（独立模式主节点），默认端口是 7077。

⑤ yarn-client 以客户端模式连接 Yarn 集群。集群的位置可以在 HADOOP_CONF_DIR 环境变量中找到。

⑥ yarn-cluster 以集群模式连接 Yarn 集群。集群的位置可以在 HADOOP_CONF_DIR 环境变量中找到。

⑦ mesos：//HOST:PORT 连接到指定的 Mesos 集群，默认接口是 5050。

如果要使用更多的使用方式可以执行 "--help" 命令查看命令及功能，如图 2-43 所示。

```
[root@master bin]# ./spark-shell --help
Usage: ./bin/spark-shell [options]

Options:
  --master MASTER_URL         spark://host:port, mesos://host:port, yarn,
                              k8s://https://host:port, or local (Default: local[*]).
  --deploy-mode DEPLOY_MODE   Whether to launch the driver program locally ("client") or
                              on one of the worker machines inside the cluster ("cluster")
                              (Default: client).
  --class CLASS_NAME          Your application's main class (for Java / Scala apps).
  --name NAME                 A name of your application.
  --jars JARS                 Comma-separated list of jars to include on the driver
                              and executor classpaths.
  --packages                  Comma-separated list of maven coordinates of jars to include
                              on the driver and executor classpaths. Will search the local
                              maven repo, then maven central and any additional remote
                              repositories given by --repositories. The format for the
                              coordinates should be groupId:artifactId:version.
  --exclude-packages          Comma-separated list of groupId:artifactId, to exclude while
                              resolving the dependencies provided in --packages to avoid
                              dependency conflicts.
  --repositories              Comma-separated list of additional remote repositories to
                              search for the maven coordinates given with --packages.
  --py-files PY_FILES         Comma-separated list of .zip, .egg, or .py files to place
                              on the PYTHONPATH for Python apps.
```

图 2-43 Spark-Shell 命令列表

## 小 结

Spark 是一种流行的分布式计算框架，可以用于处理大规模数据集。在本章学习了如何安装和配置一个 Spark 集群。

首先，介绍了 Spark 的基本架构和工作原理，包括 Spark 的组件和分布式计算的概念。

其次，讨论了如何在集群中安装和配置 Spark，介绍了 Spark 的两种部署模式（独立模式和 Yarn 模式），并提供了详细的步骤来安装和配置每种模式。

然后，讨论了如何配置 Spark 的核心组件，包括 Spark 驱动程序、Executor 和集群管理器（如果使用 Yarn 模式）。

最后，介绍了如何运行 Spark 应用程序并监视集群的性能和健康状况，提供了一些工具和技巧，以帮助用户调试和优化 Spark 应用程序。

通过学习本章，应掌握如何在集群中安装和配置 Spark，了解 Spark 的基本架构和工作原理，以及如何运行和监视 Spark 应用程序。

## 习 题

1. 下面（　　）不是 Spark 的四大组件。
   A. Spark Streaming　　　B. MLlib　　　C. Graph X　　　D. Spark R
2. Hadoop 框架的缺陷有（　　）。
   A. 表达能力有限，MR 编程框架的限制

B. 过多的磁盘操作，缺乏对分布式内存的支持
C. 无法高效地支持迭代式计算
D. 海量的数据存储

3. 与 Hadoop 相比，Spark 的主要优点包括（    ）。
   A. 提供多种数据集操作类型而不仅限于 MapReduce
   B. 数据集中式计算而更加高效
   C. 提供了内存计算，带来了更高的迭代运算效率
   D. 基于 DAG 的任务调度执行机制

4. Yarn 是负责集群资源调度管理的组件。不同的计算框架统一运行在 Yarn 框架之上，具有（    ）优点。
   A. 计算资源按需伸缩
   B. 不同负载应用混搭，集群利用
   C. 共享底层存储，避免数据跨集群迁移
   D. 大幅降低了运维成本

5. Spark 的特点包括（    ）。
   A. 快速            B. 通用            C. 可延伸            D. 兼容性

# 第 3 章

# Spark 程序入门

## 学习目标

- 了解 Scala。
- 掌握 Scala 环境搭建。
- 掌握 Scala 基础语法。
- 掌握 Scala 面向对象。
- 掌握 Scala 基本数据结构。

## 素质目标

- 具备严谨的思维能力，养成不断学习的习惯，不断提升自身能力，能够熟练地使用 Spark API 进行数据处理和分析。
- 具备解决实际问题的能力，能够独立思考，分析问题，提出解决方案，使用 Spark 编写程序来解决实际问题。
- 具备团队合作和沟通的能力，能够与他人合作，完成团队任务。在团队合作的过程中，需要学会沟通、协调、分工合作；能够与他人协作完成 Spark 项目。

Scala 是一门多范式的编程语言，一种类似 Java 的编程语言，设计的初衷是实现可伸缩的语言并集成面向对象编程的各种特性。Scala 将面向对象和函数式编程结合成一种简洁的高级语言。Scala 的静态类型有助于避免复杂应用程序中的错误，它的 JVM 和 JavaScript 运行时可使用户轻松地访问庞大的库生态系统来构建高性能系统。

## 3.1 Scala 简介

Scala 是一门以 Java 虚拟机（JVM）为运行环境并将面向对象和函数式编程的最佳特性结合在一起

第 3 章　Spark 程序入门

的静态类型编程语言（静态语言需要提前编译的如 Java、C、C++ 等，动态语言如 JavaScript）。Scala 的特点如下：

① Scala 是一门多范式的编程语言，支持面向对象和函数式编程。其中，多范式，就是多种编程方法的意思，有面向过程、面向对象、泛型、函数式四种程序设计方法。

② Scala 源代码（.scala）会被编译成 Java 字节码（.class），然后运行于 JVM 之上，并可以调用现有的 Java 类库，实现两种语言的无缝对接。

③ Scala 单作为一门语言来看，非常简洁高效。

## 3.2　Scala 环境准备

Scala 语言可以运行在 Windows、Linux、UNIX、Mac OS X 等系统上。Scala 基于 Java，大量使用 Java 的类库和变量，使用 Scala 之前必须先安装 Java（JDK 版本不低于 1.5）。前面已经在 Linux 上安装过 Scala，这里主要介绍如何在 Windows 下安装 Scala。

Windows下的Scala安装

### 3.2.1　Windows 下的 Scala 安装

在 Scala 官网单击 DOWNLOAD 进入下载页面，考虑到版本的稳定性和兼容性，本书选择的是 2.12.8，如图 3-1 所示。

| Archive | System | Size |
| --- | --- | --- |
| scala-2.12.8.tgz | Mac OS X, Unix, Cygwin | 19.52M |
| scala-2.12.8.msi | Windows (msi installer) | 123.96M |
| scala-2.12.8.zip | Windows | 19.56M |
| scala-2.12.8.deb | Debian | 144.40M |
| scala-2.12.8.rpm | RPM package | 124.27M |
| scala-docs-2.12.8.txz | API docs | 53.21M |
| scala-docs-2.12.8.zip | API docs | 107.53M |
| scala-sources-2.12.8.tar.gz | Sources | |

图 3-1　Scala 下载页面

下载成功后解压安装包，并配置 Scala 的环境变量，如图 3-2 和图 3-3 所示。

图 3-2　Scala 系统变量

# Spark 大数据分析

图 3-3  Scala 用户变量

环境变量配置完成后测试是否安装成功。进入 Windows 命令行界面，输入 scala 然后按【Enter】键，结果如图 3-4 所示。

图 3-4  Scala 版本信息

从图 3-4 可以看到，控制台输出了 Scala 的版本信息 2.12.8，表示 Scala 安装成功。

## 3.2.2  IDEA 安装 Scala 插件

目前主流的开发工具有 Eclipse 和 IDEA 两种，在这两个开发工具中可以安装对应的 Scala 插件来进行 Scala 开发。现在大多数 Scala 开发程序员都会选择 IDEA 作为开发 Scala 的工具。本书以 Windows 操作系统为例，讲解如何在 IDEA 中下载安装 Scala 插件。

①下载 IDEA 工具，本书选择的版本是 2018.2.5，然后打开安装包进行安装，具体的安装步骤这里不做详解。

②打开 IDEA 安装 Scala 插件。本书选择的版本是 2018.2.11（scala-intellij-bin-2018.2.11.zip），Scala 的插件分为在线安装与离线安装，但是在线安装很慢，所以建议下载后离线安装。打开 IDEA 后单击 File 下拉按钮，然后选择 Settings，在打开的对话框中单击 Plugins，然后单击 Install JetBrains plugin，在搜索框中输入 scala，单击 Scala，在对话框右边出现该 Intellij 对应的 Scala 版本，从图中看到对应的 Scala 版本是 2018/9/5 更新的，如图 3-5 所示。

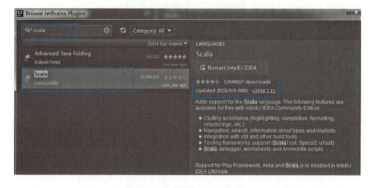

图 3-5  Scala 插件信息

第 3 章　Spark 程序入门

在网页中找到 Scala 对应的版本，然后下载即可，如图 3-6 所示。

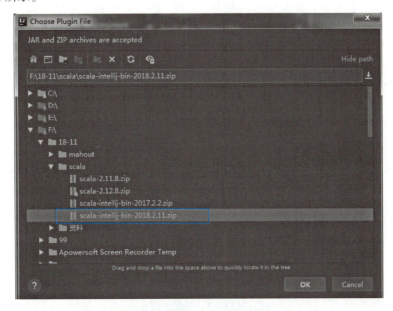

图 3-6　Scala 对应版本

插件下载完成后单击 Install plugin from disk 按钮，选择 Scala 插件所在的路径，然后单击 OK 按钮，如图 3-7 和图 3-8 所示。

图 3-7　选择 Scala 插件路径

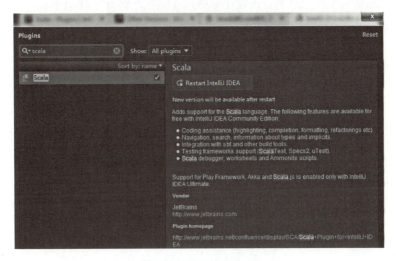

图 3-8　Scala 插件安装完成

插件安装完成后需要重启 IDEA，Scala 插件才会生效，单击 Restart 按钮重启 IDEA，如图 3-9 所示。

图 3-9　IDEA 重启

### 3.2.3　输出 HelloWorld

在前面的章节中已经安装好了 IDEA 与 Scala。下面以打印"Hello World"开始第一个 Scala 程序的开发。

①打开 IDEA 创建工程。选择 File → New → Project 命令创建工程，如图 3-10 所示。

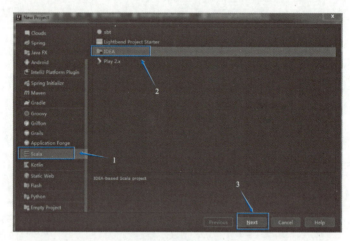

图 3-10　创建工程

单击 Next 按钮后填写工程信息名、工程存储路径等信息，如图 3-11 所示。

图 3-11　填写工程信息

② 包的创建。右击 src，选择 New → Package 命令，输入包名，单击 OK 按钮，效果如图 3-12 所示。

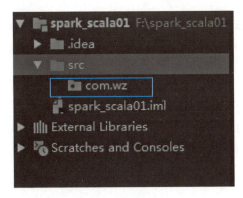

图 3-12　创建包

③ 类的创建。右击包名，选择 New → ScalaClass 命令，在打开的对话框中输入 HelloWorld，如图 3-13 所示。

图 3-13　创建类

④ 在 HelloWorld.scala 中编写代码，如图 3-14 所示。

图 3-14　编写代码

⑤ 运行代码。运行图 3-14 中的代码，控制台输出打印的结果，如图 3-15 所示。

图 3-15　打印结果

## 3.3 Scala 基础语法

### 3.3.1 Scala 数据类型

Scala 中没有基本数据类型的概念，所有的类型都是对象。Scala 的数据类型和 Java 是类似的，所有 Java 的基本类型在 Scala 包中都有对应的类，将 Scala 代码编译为 Java 字节码时，Scala 编译器将尽可能使用 Java 的基本类型，从而提供基本类型的性能优势。图 3-16 所示为 Scala 的数据类型关系图。

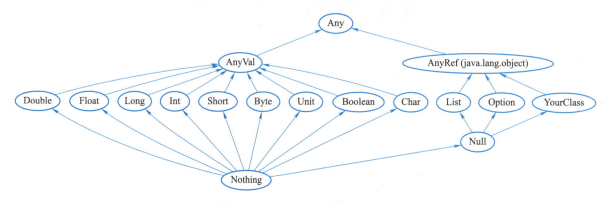

图 3-16 Scala 数据类型关系图

从图 3-16 中可以看出，Any 是所有其他类的超类，包含 AnyRef、AnyVal 两个子类。

① AnyVal：所有值类型的父类型，包含 Byte、Short、Int、Long、Float、Double、Char、Boolean、Unit。其中，Unit 类型用来标识过程，也就是没有明确返回值的函数。由此可见，Unit 类似于 Java 中的 void。Unit 只有一个实例，这个实例也没有实质的意义。

② AnyRef：Scala 里所有引用类的基类。

与其他语言稍微有些不同的是，Scala 还定义了底类型，分别是 Nothing、Null。

③ Nothing：在 Scala 的类层级的最低端；它是任何其他类型的子类型，可以赋值给任何其他类型，用于异常，表明不正常的返回。

④ Null：所有引用类型的子类型，而 Nothing 是所有类型的子类型。Null 类只有一个实例对象 null，类似于 Java 中的 null 引用。null 可以赋值给任意引用类型，但是不能赋值给值类型。

### 3.3.2 Scala 变量

Scala 有两种变量：val 和 var。val 类似于 Java 中的 final 变量。一旦初始化了，val 就不能再被赋值。相反，var 如同 Java 中的非 final 变量，可以在它的生命周期中被多次赋值，即常量或变量。

① 变量：在程序运行过程中其值可能发生改变的量叫作变量，如时间、年龄。

② 常量：在程序运行过程中其值不会发生变化的量叫作常量，如数值 3，字符 'A'。

#### 1. 变量声明

在 Scala 中，声明变量使用关键字 var，实例如下：

```
var myVar: String="Foo"
var myVar: String="Too"
```

这里，myVar 使用关键字 var 声明，意味着它是一个可以改变值的变量，称为可变变量。

下面是使用 val 关键字定义变量的语法：

```
val myVal: String="Foo"
```

这里，myVal 使用关键字 val 声明，意味着它是不能改变的变量，称为不可变变量。

2. 变量类型引用

在 Scala 中声明变量和常量不一定要指明数据类型，在没有指明数据类型的情况下，其数据类型是通过变量或常量的初始值推断出来的。

所以，如果在没有指明数据类型的情况下声明变量或常量必须要给出其初始值，否则将会报错。如下面的实例，myVar 会被推断为 Int 类型，myVal 会被推断为 String 类型。

```
var myVar=10
val myVal="Hello,Scala!"
```

## 3.3.3 方法与函数

Scala 有方法与函数，二者在语义上的区别很小。Scala 中的方法跟 Java 的类似，方法是组成类的一部分，而函数是一个对象可以赋值给一个变量。换句话来说，在类中定义的函数即是方法。Scala 中使用 val 语句可以定义函数，使用 def 语句可以定义方法。

1. 方法

Scala 方法声明格式如下：

```
def functionName([参数列表]): [return type]
```

如果不写等于号和方法主体，那么方法会被隐式声明为抽象（abstract），于是包含它的类型也是一个抽象类型。

Scala 方法定义格式如下：

```
def functionName([参数列表]): [return type]={
   function body
   return [expr]
}
```

方法定义由一个 def 关键字开始，紧接着是可选的参数列表，一个冒号 ":" 和方法的返回类型，一个等于号 "="，最后是方法的主体。以上代码中 return type 可以是任意合法的 Scala 数据类型。参数列表中的参数可以使用逗号分隔。如果方法没有返回值，可以返回为 Unit，类似于 Java 的 void。

以下方法的功能是将两个传入的参数相加并求和：

```
object add{
   def addInt(a: Int,b: Int): Int={
      var sum: Int=()
      sum=a+b
      return sum
```

```
    }
}
```

Scala 提供了多种不同的方法调用方式:

```
// 标准格式
functionName(参数列表)
// 如果方法使用了实例的对象来调用,可以使用类似Java的格式(使用"."号)
[instance.]functionName(参数列表)
```

#### 2. 函数

在 Scala 中,由于使用 def 语句定义以及调用函数的格式均与方法一样,因此这里不再赘述。然而,Scala 函数与 Scala 方法也是有区别的,具体如下:

(1)函数可作为一个参数传入方法中,而方法不行。
(2)在 Scala 中无法直接操作方法,如果要操作方法,必须先将其转换成函数。
(3)函数必须要有参数列表,而方法可以没有参数列表:

```
val functionName([参数列表]): [return type]={
    function body
    return [expr]
}
```

#### 3. 方法转函数

方法转函数的格式如下:

```
val f1=m1 _
```

在上面的格式中,方法名后面有一个空格和一个下画线。下画线将 m1 这个方法变成了函数,而方法名与下画线之间至少要有一个空格,没有会报错。

## 3.4 Scala 面向对象

### 3.4.1 类和对象

类是对象的抽象,而对象是类的具体实例。类是抽象的,不占用内存,而对象是具体的,占用存储空间。类是用于创建对象的蓝图,它是一个定义包括在特定类型的对象中的方法和变量的软件模板。

可以使用 new 关键字来创建类的对象,实例如下:

```
class Point(xc: Int,yc: Int){
    var x: Int=xc
    var y: Int=yc
    def move(dx: Int,dy: Int){
        x=x+dx
        y=y+dy
        println("x 的坐标点: "+x);
```

```
    println("y 的坐标点: "+y);
  }
}
```

Scala 中的类不声明为 public，一个 Scala 源文件中可以有多个类。当类创建好之后，如果想要访问类中的方法和字段，就需要创建一个对象，语法格式与 Java 类似。

上面的实例类中定义了两个变量 x 和 y，一个没有返回值的方法 move()，下面可以使用 new 来实例化类，并访问类中的方法和变量。

```
class Point(xc: Int,yc: Int){
  var x: Int=xc
  var y: Int=yc
  def move(dx: Int,dy: Int){
    x=x+dx
    y=y+dy
    println("x 的坐标点: "+x);
    println("y 的坐标点: "+y);
  }
}
object Test{
  def main(args: Array[String]){
    val pt=new Point(10,20);
    // 移到一个新的位置
    pt.move(10,10);
  }
}
```

运行上面的代码，结果如图 3-17 所示。

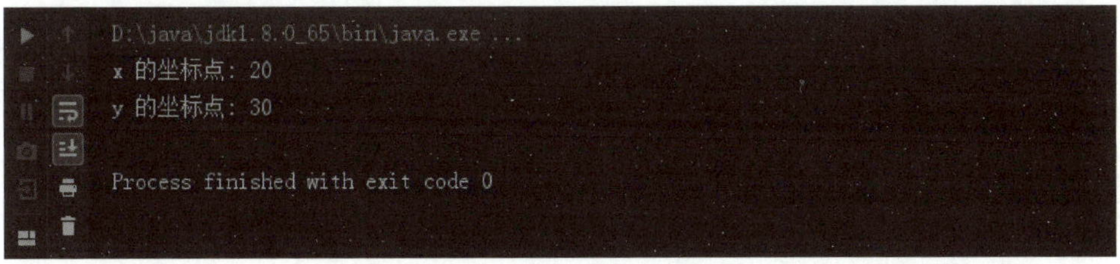

```
D:\java\jdk1.8.0_65\bin\java.exe ...
x 的坐标点: 20
y 的坐标点: 30

Process finished with exit code 0
```

图 3-17 类和对象运行结果

## 3.4.2 继承

Scala 继承一个基类跟 Java 很相似，但需要注意以下几点：
① 重写一个非抽象方法必须使用 override 修饰符。
② 只有主构造函数才可以往基类的构造函数里写参数。
③ 在子类中重写超类的抽象方法时，不需要使用 override 关键字。
下面通过一个例子来讲解：

```
class Point(val xc: Int,val yc: Int){
   var x: Int=xc
   var y: Int=yc
   def move(dx: Int,dy: Int){
      x=x+dx
      y=y+dy
      println("x 的坐标点: "+x);
      println("y 的坐标点: "+y);
   }
}
class Location(override val xc: Int,override val yc: Int,
   val zc: Int)extends Point(xc,yc){
   var z: Int=zc
   def move(dx: Int,dy: Int,dz: Int){
      x=x+dx
      y=y+dy
      z=z+dz
      println("x 的坐标点: "+x);
      println("y 的坐标点: "+y);
      println("z 的坐标点: "+z);
   }
}
object Test{
   def main(args: Array[String]){
      val loc=new Location(10,20,15);
      // 移到一个新的位置
      loc.move(10,10,5);
   }
}
```

从上面的实例可以看出，Scala 使用 extends 关键字来继承一个类。实例中 Location 类继承了 Point 类。Point 称为父类（基类），Location 称为子类，并且使用 override 关键字重写了父类的字段。

运行实例中的代码，结果如图 3-18 所示。

图 3-18　继承运行结果

### 3.4.3 单例对象和伴生对象

在 Scala 中，是没有 static 的，所以不能像 Java 一样直接用类名就可以访问类中的方法和字段。但是，它提供了单例模式的实现方法，即使用关键字 object。使用关键字 object 创建对象就是单例对象。

下面是单例对象的实例：

```
class Point(val xc: Int,val yc: Int){
   var x: Int=xc
   var y: Int=yc
   def move(dx: Int,dy: Int){
      x=x+dx
      y=y+dy
   }
}
object Test{
   def main(args: Array[String]){
      val point=new Point(10,20)
      printPoint
      def printPoint{
         println("x 的坐标点: "+point.x);
         println("y 的坐标点: "+point.y);
         println("z 的坐标点: "+z);
      }
   }
}
```

运行上面的代码，结果如图 3-19 所示。

图 3-19 单例对象运行结果

当单例对象与某个类共享同一个名称时，它被称作是这个类的伴生对象：companion object。必须在同一个源文件里定义类和它的伴生对象。类被称为是这个单例对象的伴生类：companion class。类和它的伴生对象可以互相访问其私有成员。

下面是伴生对象的实例：

```
class Student(){
   private var phone="110"
   // 直接访问伴生对象的私有成员
   def infoCompObj()= println("伴生类中访问伴生对象: "+Student.sno+phone)
}
```

```
object Student{
    private var sno: Int=100
      def main(args: Array[String]): Unit={
    // 实例化伴生类
      val obj=new Student()
      obj.phone="111"
      obj.infoCompObj()
    }
}
```

运行上面的代码，结果如图 3-20 所示。

图 3-20  运行结果

## 3.5 Scala 基本数据结构

### 3.5.1 数组

Scala 提供了一种数据结构叫作数组，数组是一种存储了相同类型元素的固定大小顺序集合。数组用于存储数据集合，但将数组视为相同类型变量的集合通常更为有用。

可以声明一个数组变量，如 numbers，使用 numbers[0], numbers[1],…, numbers[99] 来表示单个变量，而不是分别声明每个变量，如 number0、number1 等变量。本书介绍如何使用索引变量声明数组变量，创建数组和使用数组。数组的第一个元素的索引是数字 0，最后一个元素的索引是元素的总数减去 1。

1. 数组的定义和使用

在 Scala 中数组有两种：定长数组和变长数组。

①定长数组：由于 Array 是不可变的，初始化就有了固定的长度，所以不能直接对其元素进行删除操作，也不能多增加元素，只能修改某个位置的元素值，要实现删除可以通过过滤生成新的数组，所以也就没有 add、insert、remove 等操作。

②变长数组：ArrayBuffer 是可变的，本身提供了很多元素的操作，当然包括增加、删除操作。

两种数组的定义方式如下：

```
// 定长数组
new Array[T](数组长度)
// 变长数组
ArrayBuffer[T]()
```

在上面的语法格式中，定义定长数组使用了 new 关键字，而定义变长数组需要导入包：import

## 第 3 章 Spark 程序入门

scala.collection.mutable.ArrayBuffer。两种数组之间也可以相互转化，需要调用 toBuffer() 和 toArray() 方法。

数组定义好了之后就可以对数组进行增删改的操作了，实例如下：

```
import scala.collection.mutable.ArrayBuffer
object Test01{
  def main(args: Array[String]): Unit={
    //定长
    val arr1=Array(1,2,3)
    //变长
    val arr2=ArrayBuffer[Int]()
    Test01.DMLARR(arr1)
    Test01.DML_Mul_Arr(arr2)
  }
   //定长数组的增改
  def DMLARR(arr1: Array[Int]): Unit={
    //增
    arr1.+: (2)                          //首部追加，生成新的数组
    arr1.: +(2)                          //尾部追加，生成新的数组
    //该数组的下标从0开始，通过arr1(index) 获取下标并修改
    arr1(0)=5
    //打印定长数组，内容为数组的 hashconde 值
    println(arr1)
  }
    //变长数组的增删改
  def DML_Mul_Arr(arr: ArrayBuffer[Int]): Unit={
    //增
    arr+=2                               //尾部追加
    println(arr)
    arr+=(1,2,3)                         //追加多个元素
    println(arr)
    arr++=Array(1,2,3)                   //追加一个 Array
    println(arr)
    arr++=ArrayBuffer(1,2,3)             //追加一个数组缓冲
    println(arr)
    //插入
    arr.insert(0,-1,0)                   //在某个位置插入一个或者多个元素
    println(arr)
    //删除
    arr.remove(0,2)                      //从某个位置开始，移除几个元素
    println(arr)
  }
}
```

## 2. 数组的遍历

与 Java 一样，如果想要获取数组中的每一个元素，需要将数组进行遍历操作。数组的遍历分为 for 循环遍历、while 循环遍历、do...while 循环遍历。下面是用 for 循环对数组进行遍历，实例如下：

```scala
object Test{
    def main(args: Array[String]){
        var myList=Array(1.9,2.9,3.4,3.5)
        //输出所有数组元素
        for(x <- myList){
            println(x)
        }
        //计算数组所有元素的总和
        var total=0.0;
        for(i <- 0 to(myList.length-1)){
            total+=myList(i);
        }
        println("总和为 "+total);
        //查找数组中的最大元素
        var max=myList(0);
        for(i<-1 to(myList.length- 1)){
            if(myList(i)> max)max=myList(i);
        }
        println("最大值为 "+max);
    }
}
```

运行结果如图 3-21 所示。

```
D:\java\jdk1.8.0_65\bin\java.exe ...
1.9
2.9
3.4
3.5
总和为 11.7
最大值为 3.5

Process finished with exit code 0
```

图 3-21 遍历数组运行结果

## 3.5.2 元组

### 1. 元组的创建

元组也可以理解为一个容器，可以存放各种相同或不同类型的数据。说得简单点，就是将多个无关的数据封装为一个整体。

与列表一样,元组也是不可变的,但与列表不同的是元组可以包含不同类型的元素,元组的值是通过将不同的值包含在圆括号中构成的,创建格式如下:

```
val tuple=(元素,元素...)
```

下面演示如何创建一个包含 int、double、string 三种类型的元祖,代码如下:

```
val t=(1,3.14,"Fred")
```

上面的元组还可以使用下面这种表达方式。

```
val t=new Tuple(1,3.14,"Fred")
```

这两种写法是一样的,但是在实际开发时大多使用简写的方式。

### 2. 访问元组中的元素

访问元组的元素可以通过数字索引,可以使用 t._1 访问第一个元素,使用 t._2 访问第二个元素,依此类推。代码如下:

```
object Test{
  def main(args: Array[String]){
    val t=("1",3.14,"Fred")
    val sum=t._1+t._2+t._
    println(sum)
  }
}
```

运行结果如图 3-22 所示。

图 3-22  访问元祖元素

目前,Scala 支持的元组最大长度为 22。对于更大的长度可以使用集合,或者扩展元组。

### 3. 元素交换

当元组中的元素为两个时,可以通过 Tuple.swap 方法进行元素交换,生成新的元组。原先的元组不会被改变。代码如下:

```
object Test{
  def main(args: Array[String]){
    val t=new Tuple2("www.163.com","www.baidu.com")
    println("交换后的元组: "+t.swap)
  }
}
```

### 3.5.3 集合

Scala 的集合有三大类：Seq（序列）、Set（合集）、Map（映射），所有的集合都扩展自 Iterable 特质。对于几乎所有的集合类，Scala 都同时提供了可变和不可变的版本，分别位于以下两个包：

①不可变集合：scala.collection.immutable。

②可变集合：scala.collection.mutable。

Scala 不可变集合，就是指该集合对象不可修改，每次修改就会返回一个新对象，而不会对原对象进行修改。类似于 Java 中的 String 对象。

可变集合，就是这个集合可以直接对原对象进行修改，而不会返回新的对象。类似于 Java 中 StringBuilder 对象。

建议：在操作集合时，不可变用符号，可变用方法。

1. List（列表）

List 继承至 Seq，编辑中通常使用 List 而不是 Seq。Scala 列表类似于数组，它们所有元素的类型都相同，但是也有所不同：首先，列表是不可变的，值一旦被定义了就不能改变；其次，列表具有递归的结构（也就是链接表结构）而数组不是。

定义不同类型的列表，代码如下：

```
// 字符串列表
val site: List[String]=List("dangdang","Sohu","Baidu")
// 整型列表
val nums: List[Int]=List(1,2,3,4)
// 空列表
val empty: List[Nothing]=List()
// 二维列表
val dim: List[List[Int]]=
  List(
    List(1,0,0),
    List(0,1,0),
    List(0,0,1)
  )
```

构造列表的两个基本元素是 Nil 和 ::，Nil 也可以表示为一个空列表。

以上实例可以写成如下所示：

```
// 字符串列表
val site="dangdang"::("Sohu"::("Baidu"::Nil))
// 整型列表
val nums=1::(2::(3::(4::Nil)))
// 空列表
val empty=Nil
// 二维列表
val dim=(1::(0::(0::Nil)))::
        (0::(1::(0::Nil)))::
```

## 第 3 章　Spark 程序入门

```
            (0: : (0: : (1: : Nil))): : Nil
```

Scala 提供了很多操作 List 的方法，下面讲解 List 列表的三个基本操作：
① head：返回列表中第一个元素。
② tail：返回一个列表，包含除了第一个元素之外的其他元素。
③ isEmpty：在列表为空时返回 true。
对于 Scala 列表的任何操作都可以使用这三个基本操作来表达。代码如下：

```
object Test{
  def main(args: Array[String]){
    val site="dangdang": : ("Sohu": : ("Baidu": : Nil))
    val nums=Nil
    println("第一网站是: "+site.head)
    println("最后一个网站是: "+site.tail)
    println("查看列表 site 是否为空: "+site.isEmpty)
    println("查看 nums 是否为空: "+nums.isEmpty)
  }
}
```

运行结果如图 3-23 所示。

图 3-23　操作 List 结果

### 2. Set（集合）

与其他任何一种编程语言一样，Scala 中的集合类具有如下特点：
① 不存在有重复的元素。
② 集合中的元素是无序的。换句话说，不能以索引的方式访问集合中的元素。
③ 判断某一个元素在集合中比 Seq 类型的集合要快。

默认情况下，Scala 使用的是不可变集合，如果想使用可变集合，需要引用 scala.collection.mutable.Set 包。

定义 Set 实例如下：

```
val set=Set(1,2,3)
```

Scala 提供了很多操作集合的方法，下面讲解集合的三个基本操作：
① head：返回集合第一个元素。
② tail：返回一个集合，包含除第一个元素之外的其他元素。
③ isEmpty：在集合为空时返回 true。
对于 Scala 集合的任何操作都可以使用这 3 个基本操作来表达。代码如下：

```
object Test{
```

```
    def main(args: Array[String]){
      val site=Set("Runoob","Sohu","Baidu")
      val nums: Set[Int]=Set()
      println("第一网站是: "+site.head)
      println("最后一个网站是: "+site.tail)
      println("查看列表site是否为空: "+site.isEmpty)
      println("查看nums是否为空: "+nums.isEmpty)
    }
}
```

运行结果如图 3-24 所示。

图 3-24　操作集合结果

### 3. Map（映射）

Map 是一种可迭代的键值对（key/value）结构，所有的值都可以通过键来获取。Map 中的键都是唯一的。Map 有可变与不可变两种类型，区别在于可变对象可以修改它，而不可变对象不可以。默认情况下 Scala 使用不可变 Map。如果需要使用可变集合，需要显式地引入 import scala.collection.mutable.Map 类。在 Scala 中可以同时使用可变与不可变 Map，不可变的直接使用 Map，可变的使用 mutable.Map。

Map 这种数据结构是日常开发中使用非常频繁的一种数据结构。Map 作为一个存储键值对的容器（key-value），其中 key 值必须是唯一的。默认情况下，可以通过 Map 直接创建一个不可变的 Map 容器对象，这时容器中的内容是不能改变的。

定义 Map 集合实例如下：

```
// 空哈希表，键为字符串，值为整型
var A: Map[Char,Int]=Map()
//Map 键值对演示
val B=Map(键->值,键->值)
```

Scala 提供了很多操作 Map 的方法，下面讲解 Map 的三个基本操作。

① keys：返回 Map 所有的键（key）。
② values：返回 Map 所有的值（value）。
③ isEmpty：在 Map 为空时返回 true。

以下实例演示了 Map() 方法的基本应用：

```
object Test{
    def main(args: Array[String]){
        val colors=Map("red"-> "#FF0000",
```

```
              "azure"-> "#F0FFFF",
              "peru"-> "#CD853F")
    val nums: Map[Int,Int]=Map()
    println("colors 中的键为: "+colors.keys)
    println("colors 中的值为: "+colors.values)
    println(" 检测 colors 是否为空: "+colors.isEmpty)
    println(" 检测 nums 是否为空: "+nums.isEmpty)
  }
}
```

运行结果如图 3-25 所示。

图 3-25  操作 Map() 结果

## 3.6 使用 IDEA 开发运行 worldCount 程序

在实际开发中，通常会在 IDEA 开发工具中编写程序，然后将程序打成 jar 包提交到集群中执行。而 Spark-Shell 一般是在测试和验证程序时使用较多。本节主要讲解如何在 IDEA 中开发 worldCount 单词统计程序。

### 3.6.1 项目运行

在 3.2 节中已经安装和配置好了相关的环境，这里不做介绍。下面开始代码的开发。

**1. Maven 项目创建**

首先需要创建一个 maven 项目，命名为 spark_wc，在 main 和 test 下面新建 scala 目录，然后右击 scala，选择 Mark Directory as 命令，将 main 下的 scala 标记为资源文件夹，即 Sources Root，将 test 下的 scala 标记为测试资源文件夹，即 Test Sources Root。

视频

项目本地运行

**2. 添加依赖**

要想进行 Spark 相关代码的开发，需要在 pom.xml（配置文件）中添加 Spark 相关的依赖，相关依赖如下：

```
<dependencies>
    <dependency>
        <groupId>org.scala-lang</groupId>
        <artifactId>scala-library</artifactId>
        <version>2.12.8</version>
```

```xml
        </dependency>
        <dependency>
            <groupId>org.apache.hadoop</groupId>
            <artifactId>hadoop-client</artifactId>
            <version>2.7.4</version>
        </dependency>
        <dependency>
            <groupId>org.apache.spark</groupId>
            <artifactId>spark-core_2.11</artifactId>
            <version>2.3.2</version>
        </dependency>
    </dependencies>
```

3. 代码编写

在 main 下的 scala 下新建 worldCount.scala 文件。代码如下：

```scala
import org.apache.spark.rdd.RDD
import org.apache.spark.{SparkConf,SparkContext}
object worldCount{
    def main(args: Array[String]): Unit={
        //1.创建sparkConf对象，设置appName和master的地址，local[2]表示本地运行2个线程
        val sparkConf: SparkConf=new SparkConf().setAppName("worldCount").setMaster("local[2]")
        //2.创建sparkContext对象
        val sc=new SparkContext(sparkConf)
        //设置日志输出级别
        sc.setLogLevel("WARN")
        //3.读取数据文件
        val data: RDD[String]=sc.textFile("d:\\worlds.txt")
        //4.切分文件中的每一行，返回文件所有单词
        val worlds: RDD[String]=data.flatMap(_.split(" "))
        //5.每个单词记为1,(单词,1)
        val worldAndOne: RDD[(String,Int)]=worlds.map((_,1))
        //6.相同单词出现的次数累加，_表示单词数，reduceByKey会将相同的key的value进行处理
        val result: RDD[(String,Int)]=worldAndOne.reduceByKey(_+_)
        //按照单词出现的次数降序排列，true表示升序，false表示降序，_分别表示单词和次数，2表示要根据次数来排序。若改成1，就是根据key来排序
        val sortResult: RDD[(String,Int)]=result.sortBy(_._2,false)
        //7.收集结果数据
        val finalResult: Array[(String,Int)]=sortResult.collect()
        //8.打印结果数据
        finalResult.foreach(x=>println(x))
        //9.关闭sc
        sc.stop()
```

　　　　}
　}
运行结果如图 3-26 所示。

```
(hive,9)
(oozie,9)
(flink,9)
(zookeeper,9)
(azkaban,9)
(kafka,9)
(sqoop,9)
(spark,9)
(hadoop,9)
(storm,9)
```

图 3-26　worldCount 运行结果

## 3.6.2　提交任务到集群

在实际开发中，程序在本地开发完之后需要打成 jar 包上传到服务器上运行。下面讲解如何在服务器中运行打好的 jar 包。

### 1. 添加打包插件

在项目的 pom.xml 文件中添加如下插件：

```xml
<build>
        <sourceDirectory>src/main/scala</sourceDirectory>
        <testSourceDirectory>src/test/scala</testSourceDirectory>
        <plugins>
            <plugin>
                <groupId>net.alchim31.maven</groupId>
                <artifactId>scala-maven-plugin</artifactId>
                <version>3.2.2</version>
                <executions>
                    <execution>
                        <goals>
                            <goal>compile</goal>
                            <goal>testCompile</goal>
                        </goals>
                        <configuration>
                            <args>
                                <arg>-dependencyfile</arg>
                                <arg>${project.build.directory}/
                                .scala_dependencies</arg>
                            </args>
```

```xml
                    </configuration>
                </execution>
            </executions>
        </plugin>
        <plugin>
            <groupId>org.apache.maven.plugins</groupId>
            <artifactId>maven-shade-plugin</artifactId>
            <version>2.4.3</version>
            <executions>
                <execution>
                    <phase>package</phase>
                    <goals>
                        <goal>shade</goal>
                    </goals>
                    <configuration>
                        <filters>
                            <filter>
                                <artifact>*:*</artifact>
                                <excludes>
                                    <exclude>META-INF/*.SF</exclude>
                                    <exclude>META-INF/*.DSA</exclude>
                                    <exclude>META-INF/*.RSA</exclude>
                                </excludes>
                            </filter>
                        </filters>
                        <transformers>
                            <transformer implementation="org.apache.maven.plugins.
                            shade.resource.ManifestResourceTransformer">
                            </transformer>
                        </transformers>
                    </configuration>
                </execution>
            </executions>
        </plugin>
    </plugins>
</build>
```

2. 代码修改，打包工程

依赖添加完成后需要修改相关代码才能提交到集群中运行，新建名为 worldCount_Cluster.scala 的文件。代码如下：

```scala
import org.apache.spark.rdd.RDD
import org.apache.spark.{SparkConf,SparkContext}
object worldCount_Cluster{
```

```scala
  def main(args: Array[String]): Unit={
    // 创建sparkConf对象，设置appName
    val sparkConf: SparkConf=new SparkConf().setAppName("worldCount_Cluster")
    // 创建sparkContext对象
    val sc=new SparkContext(sparkConf)
    // 设置日志输出级别
    sc.setLogLevel("WARN")
    // 读取数据文件
    val data: RDD[String]=sc.textFile(args(0))
    // 切分文件中的每一行，返回文件所有单词
    val worlds: RDD[String]=data.flatMap(_.split(" "))
    // 每一个单词记为1(单词,1)
    val worldAndOne: RDD[(String,Int)]=worlds.map((_,1))
    // 相同单词出现的次数累加
    val result: RDD[(String,Int)]=worldAndOne.reduceByKey(_+_)
    // 按照次数降序
    val sortResult: RDD[(String,Int)]=result.sortBy(_._2,false)
    // 保存结果
    sortResult.saveAsTextFile(args(1))
    // 关闭
    sc.stop()
  }
}
```

上述代码中，读取数据文件部分的 args（0）表示通过外部传参来指定资源文件路径，保存结果部分的 args（1）表示通过外部传参来指定数据结果保存在 hdfs 上的路径。通过 Maven Project 工具中的 package 选项将项目打包，如图 3-27 所示。打完包后的 jar 包在项目下的 target 目录下，如图 3-28 所示。

从图 3-28 中可以看到生成了两个 jar 包，其中 original 不包含外部依赖，将 spark_wc-1.0-SNAPSHOT.jar 上传到程序中。

### 3. 提交任务到集群

Jar 包上传到集群后，在 Slave2 节点执行如下命令：

```
bin/spark-submit--class worldCount_Cluster\
   --master yarn\
   --deploy-mode cluster\
   /root/spark_wc-1.0-SNAPSHOT.jar\
/worlds.txt /wc_out
```

参数说明：

① --class：应用程序的主类，仅针对 Java 或 Scala 应用。

② --master：Master 的地址，提交任务到哪里执行，如 spark：//host：port，yarn，local。

③ --deploy-mode：在本地（Client）启动 Driver 或在 Cluster 上启动，默认是 Client。

④ /worlds.txt：表示输入文件的路径，对应代码中的 args（0）。

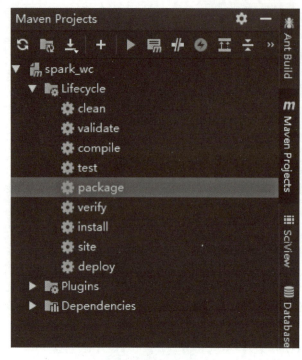

图 3-27 打包工具

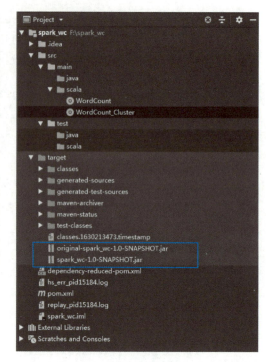

图 3-28 打包结果

⑤ /wc_out：表示输出结果文件的存储路径，对应代码中的 args（1）。

首先启动 Hadoop、ZooKeeper 与 Spark 集群，然后执行任务提交命令。上述命令执行成功后进入 HDFS 管理界面查看 /wc_out 目录，如图 3-29 所示。

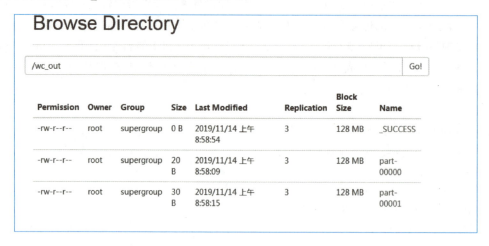

图 3-29 输出结果

图 3-29 中，_SUCCESS 表示任务执行成功，其中 part* 为输出的结果文件，可以使用 Hadoop 命令查看文件中的内容，如下所示：

```
[root@slave2 ~]# hdfs dfs-cat /wc_out/part*
(hadoop,2)
```

```
(hive,2)
(sqoop,1)
(spark,2)
(flink,1)
```

## 小 结

本章讲解了 Scala 语言的基础知识，包括 Scala 的数据类型、控制结构、函数和类等。

首先，介绍了 Scala 的基本数据类型，包括整型、浮点型、字符型和布尔型等，还介绍了 Scala 的集合类型，包括数组、列表、集合和映射等。

其次，介绍了 Scala 的函数和方法，讨论了如何定义和调用函数，以及如何传递函数作为参数和返回函数。

最后，讨论了 Scala 的类和对象。解释了如何定义类和对象，以及如何使用它们来封装数据和行为。

通过学习本章，应该掌握 Scala 语言的基础知识，包括 Scala 的数据类型、控制结构、函数、类和面向对象等。这些知识对于编写 Spark 应用程序和其他 Scala 项目都非常有用。

## 习 题

1. 定义一个不可变 Set（集合）a，保存以下元素：10,20,30,10,50,40。

2. 如何检测一个变量是 val 还是 var？

3. 10 max 2 的含义是什么？max 方法定义在哪个类中？

# 第 4 章

# 弹性分布式数据集

## 学习目标

- 理解 RDD。
- 掌握 RDD 的创建方式。
- 理解 RDD 类型操作。
- 理解 RDD 之间的依赖关系。
- 理解 RDD 机制。

## 素质目标

- 具备解决问题的能力，培养解决在弹性分布式数据集过程中遇到的问题的能力，包括调试、优化和改进数据处理流程。
- 具备持续学习的能力，随着数据技术不断演进，学生要保持学习的状态，关注最新的发展和技术趋势，不断更新知识体系。
- 具备团队合作和沟通的能力，弹性分布式数据集通常在团队环境中使用，学生要能够与团队成员协作处理数据和解决问题。

  Spark 依赖于一种特殊的抽象，称为弹性分布式数据集（resilient distributed dataset，RDD）。RDD 是跨群集分区的内存中的只读对象。它们允许用户控制持久性和分区设置，从而可以利用一组丰富的运算符来优化数据放置和操作此数据。RDD 根据每个记录中的一个范围（连续记录的分区）或键的哈希在计算机之间进行分区。每种分区方法对于特定的用例都是最佳选择。哈希分区通过向共享键的不同数据集的记录提供局部性来加快连接速度。范围分区加快了对小的数据筛选子集的访问速度。

  RDD 不需要存在于物理存储器上，而且可以容错，但是不需要对其进行复制。相反，它们有一个世系的概念，并通过该概念"记住"为构造它们而执行的操作集，以便在丢失数据时重建它们。RDD 的句柄包含足够的信息，以便能够从磁盘上存储的数据版本重新计算它。

  Spark 中的所有工作均表达为：创建新 RDD、转换现有 RDD 或运行 RDD 上的操作。有关 RDD 需要注意的一点是，它们是"延迟计算"和"临时"的。延迟计算是一种优化，通过这种优化，许多转换都采用管道方式完成,仅在首次与某个"操作"一起使用 RDD 时才对其进行计算。临时性意味着 RDD 在并行应用程序中使用时可能会具象化(进行计算并加载到内存中),但随后会从内存中将其丢弃。

## 4.1 RDD 概述

RDD 是 Spark 中最基本的数据抽象,它代表一个不可变、可分区、里面的元素可并行计算的集合。在 Spark 中,对数据的所有操作不外乎创建 RDD、转化已有 RDD 以及调用 RDD 操作进行求值。每个 RDD 都被分为多个分区,这些分区运行在集群中的不同节点上。RDD 可以包含 Python、Java、Scala 中任意类型的对象,甚至可以包含用户自定义的对象。RDD 具有数据流模型的特点:自动容错、位置感知性调度和可伸缩性。RDD 允许用户在执行多个查询时显式地将工作集缓存在内存中,后续的查询能够重用工作集,极大地提升了查询速度。RDD 支持两种操作:transformation 操作和 action 操作。RDD 的转化操作是返回一个新的 RDD 的操作,如 map() 和 filter(),而 action 操作则是向驱动器程序返回结果或把结果写入外部系统的操作,如 count() 和 first()。

RDD 具有如下 5 个特性:

① 一组分片(Partition),即数据集的基本组成单位。对于 RDD 来说,每个分片都会被一个计算任务处理,并决定并行计算的粒度。用户可以在创建 RDD 时指定 RDD 的分片个数,如果没有指定,就会采用默认值。默认值就是程序所分配到的 CPU Core 的数目。

② 一个计算每个分区的函数。Spark 中 RDD 的计算是以分片为单位的,每个 RDD 都会实现 compute() 函数以达到这个目的。compute() 函数会对迭代器进行复合,不需要保存每次计算的结果。

③ RDD 之间的依赖关系。RDD 的每次转换都会生成一个新的 RDD,所以 RDD 之间就会形成类似于流水线的前后依赖关系。在部分分区数据丢失时,Spark 可以通过这个依赖关系重新计算丢失的分区数据,而不是对 RDD 的所有分区进行重新计算。

④ 一个 Partitioner,即 RDD 的分片函数(分区器)。当前 Spark 中实现了两种类型的分片函数,一个是基于哈希的 HashPartitioner,另外一个是基于范围的 RangePartitioner。只有对于有 key-value 的 RDD,才会有 Partitioner,非 key-value 的 RDD 的 Partitioner 的值是 None。Partitioner 函数不但决定了 RDD 本身的分片数量,也决定了 parent RDD Shuffle 输出时的分片数量。

⑤ 一个列表,存储存取每个 Partition 的优先位置(preferred location)。对于一个 HDFS 文件来说,这个列表保存的就是每个 Partition 所在块的位置。按照"移动数据不如移动计算"的理念,Spark 在进行任务调度时,会尽可能地将计算任务分配到其所要处理数据块的存储位置。

## 4.2 RDD 创建方式

SparkCore 为我们提供了两种创建 RDD 的方式,包括:
① 读取文件系统数据创建 RDD。
② 并行化创建 RDD。

### 4.2.1 通过读取文件生成 RDD

通过读取文件生成RDD

Spark 是使用任何 Hadoop 支持的存储系统上的文件创建 RDD 的，如 HDFS、Cassandra、HBase 以及本地文件。通过调用 SparkContext 的 textFile() 方法，可以针对本地文件或 HDFS 文件创建 RDD。

#### 1. 通过加载本地文件数据创建 RDD

在 Linux 本地文件系统中有一个名为 worlds.txt 的文件。内容如下：

```
hadoop hive spark flink hadoop hive ZooKeeper
```

通过 textFile() 方法读取 worlds.txt 文件创建 RDD，代码如下：

```
scala> val worlds=sc.textFile("file: ///root/worlds.txt")
worlds: org.apache.spark.rdd.RDD[String]=file: ///root/worlds.
txt MapPartitionsRDD[1] at textFile at <console>: 24
```

#### 2. 通过加载 HDFS 文件数据创建 RDD

在 HDFS 中有一个名为 worlds.txt 的文件，文件内容与 Linux 本地相同。通过 textFile() 方法读取 worlds.txt 文件创建 RDD。代码如下：

```
scala> val worlds=sc.textFile("/worlds.txt")
worlds: org.apache.spark.rdd.RDD[String]=/worlds.txt MapPartitionsRDD[1]
 at textFile at <console>: 24
```

sc.textFile 中文件所在的路径也可以写成 hdfs：//master：9000/worlds.txt。

通过本地文件或 HDFS 创建 RDD 需要注意以下几点：

①本地文件：如果是在 Windows 上进行本地测试，Windows 上有一份文件即可；如果是在 Spark 集群上针对 Linux 本地文件，则需要将文件复制到所有 Worker 节点上（就是在 spark-submit 上使用 --master 指定了 Master 节点，使用 Standlone 模式运行，而 textFile() 方法内仍然使用的是 Linux 本地文件，在这种情况下，需要将文件复制到所有 Worker 节点上）。

② Spark 的 textFile() 方法支持针对目录、压缩文件以及通配符进行 RDD 创建。

③ Spark 默认会为 hdfs 文件的每一个 Block（块，存储的基本单位）创建一个 Partition（分区），但是也可以通过 textFile() 的第二个参数手动设置分区数量，只能比 Block 数量多，不能比 Block 数量少。

### 4.2.2 通过并行化方式创建 RDD

如果要通过并行化集合来创建 RDD，需要针对程序中已经存在的集合、数组，调用 SparkContext 中的 parallelize() 方法。Spark 会将集合中的数据复制到集群上，形成一个分布式的数据集合，也就是一个 RDD。即集合中的部分数据会到一个节点上，而另一部分数据会到其他节点上。然后，就可以采用并行的方式来操作这个分布式数据集合。

使用 parallelize() 方法创建 RDD，代码如下：

```
scala> val arr=Array(1,2,3,4,5)
arr: Array[Int]=Array(1,2,3,4,5)
scala> val add=sc.parallelize(arr)
add: org.apache.spark.rdd.RDD[Int]=ParallelCollectionRDD[0] at parallelize
     at <console>: 26
```

## 4.3 RDD 类型操作

RDD 支持两种类型的算子：Transformation 和 Action。Transformation 算子可以将已有 RDD 转换得到一个新的 RDD，而 action 算子则是基于 RDD 的计算，并将结果返回给驱动器。例如，map 是一个 Transformation 算子，它将数据集中每个元素传给一个指定的函数，并将该函数返回结果构建为一个新的 RDD；而 Reduce 是一个 Action 算子，它可以将 RDD 中所有元素传给指定的聚合函数，并将最终的聚合结果返回给驱动器（还有一个 reduceByKey 算子，其返回的聚合结果是一个 RDD）。

Spark 中所有 Transformation 算子都是懒惰的，也就是说，Transformation 算子并不立即计算结果，而是记录下对基础数据集（如一个数据文件）的转换操作。只有等到某个 Action 算子需要计算一个结果返回给驱动器时，Transformation 算子所记录的操作才会被计算。这种设计使 Spark 可以运行得更加高效。例如，Map 算子创建了一个数据集，同时该数据集下一步会调用 Reduce 算子，那么 Spark 将只会返回 Reduce 的最终聚合结果（单独的一个数据）给驱动器，而不是将 map 所产生的数据集整个返回给驱动器。

默认情况下，每次调用 Action 算子时，每个由 Transformation 转换得到的 RDD 都会被重新计算。但是，也可以通过调用 persist（或者 cache）操作来持久化一个 RDD，这意味着 Spark 将会把 RDD 的元素都保存在集群中，因此下一次访问这些元素的速度将大幅提高。同时，Spark 还支持将 RDD 元素持久化到内存或者磁盘上，甚至可以支持跨节点多副本。

### 4.3.1 转换算子

Transformation：转换算子，这类转换并不触发提交作业，完成作业中间过程处理。下面是一些常用的转换算子操作的 API，如常用转换算子 API 见表 4-1。

表 4-1 常用转换算子 API

| 操　　作 | 介　　绍 |
| --- | --- |
| map（func） | 将 RDD 中的每个元素传入自定义函数，获取一个新的元素，然后用新的元素组成新的 RDD |
| filter（func） | 对 RDD 中每个元素进行判断，如果返回 true 则保留，返回 false 则剔除 |
| flatMap（func） | 与 map 类似，但是对每个元素都可以返回一个或多个新元素 |
| groupByKey（func） | 根据 key 进行分组，每个键对应一个 Iterable<value> |
| reduceByKey（func） | 对每个键对应值进行 Reduce（归纳）操作 |

下面结合具体的实例对这些转换算子 API 进行详细讲解。

1. map（func）

map（func）操作是对 RDD 中的每个元素都执行一个指定的函数来产生一个新的 RDD。实例代码如下：

```
scala> val a=sc.parallelize(1 to 9)
a: org.apache.spark.rdd.RDD[Int]=ParallelCollectionRDD[0] at parallelize
```

```
    at <console>: 24
scala> a.collect
res(): Array[Int]=Array(1,2,3,4,5,6,7,8,9)
scala> val b=a.map(x=>x*3)
b: org.apache.spark.rdd.RDD[Int]=MapPartitionsRDD[1] at map at <console>: 26
scala> b.collect
res1: Array[Int]=Array(3,6,9,12,15,18,21,24,27)
```

通过结果可以看出，上述代码将原 RDD 中每个元素都乘以 3 来产生一个新的 RDD。

### 2. filter（func）

filter（func）操作会筛选出满足条件（即 func）的元素，返回一个新的数据集。实例代码如下：

```
scala> val list=List("Hadoop Flink","Hive Sqoop","Spark Kylin","Flink","Oozie","Spark","Hadoop")
list: List[String]=List(Hadoop Flink,Hive Sqoop,Spark Kylin,Flink,Oozie,Spark,Hadoop)
scala> val listRDD=sc.parallelize(list)
listRDD: org.apache.spark.rdd.RDD[String]=ParallelCollectionRDD[2] at parallelize at <console>: 26
scala> val lines=listRDD.filter(listRDD=>listRDD.contains("Hadoop"))
lines: org.apache.spark.rdd.RDD[String]=MapPartitionsRDD[3] at filter at <console>: 28
scala> lines.collect
res2: Array[String]=Array(Hadoop Flink,Hadoop)
```

在上面的代码中 listRDD=>listRDD.contains("Hadoop")是一个匿名函数，含义是一次取出 listRDD 这个 RDD 中的每一个元素，对于当前渠道的元素，将其赋值给匿名函数中的 listRDD 变量。如果 listRDD 中包含 Hadoop 这个单词，就把这个元素加入到 lines 中，否则就丢弃该元素。

### 3. flatMap（func）

类似于 Map，但是每一个输入元素会被映射为 0 到多个输出元素（因此，func 函数的返回值是一个 Seq，而不是单一元素）。实例代码如下：

```
scala> val list=List("张三 李四","王五 赵六")
list: List[String]=List(张三 李四,王五 赵六)
scala> val listRDD=sc.parallelize(list)
listRDD: org.apache.spark.rdd.RDD[String]=ParallelCollectionRDD[0]
    at parallelize at <console>: 26
scala> val nameRDD=listRDD.flatMap(line=>line.split(" "))
nameRDD: org.apache.spark.rdd.RDD[String]=MapPartitionsRDD[1]
    at flatMap at <console>: 28
scala> nameRDD.collect
res(): Array[String]=Array(张三,李四,王五,赵六)
```

上面代码中的 listRDD.flatMap（line=>line.split(" ")）与先执行 listRDD.map（line=>line.split(" ")），再执行 flat() 操作（扁平化操作）的效果是一样的。从输出的结果可以看出，flatMap 把 nameArray（变量名称）中的每个 RDD 都扁平成多个元素，被扁平后得到的元素构成一个新的 RDD。

## 4. groupByKey（func）

在一个由（K,V）对组成的数据集上调用，返回一个（K,Seq[V]）对的数据集。注意：默认情况下，使用 8 个并行任务进行分组，可以传入 numTask（参数名称）可选参数，根据数据量设置不同数目的任务。实例代码如下：

```
scala> val list=List("Hadoop Flink","Hive Sqoop","Spark Kylin","Flink","Oozie","Spark","Hadoop")
list: List[String]=List(Hadoop Flink,Hive Sqoop,Spark Kylin,Flink,Oozie,Spark,Hadoop)
scala> val listRDD=sc.parallelize(list)
listRDD: org.apache.spark.rdd.RDD[String]=ParallelCollectionRDD[0] at parallelize at <console>: 26
scala> val nameRDD=listRDD.flatMap(line=>line.split(" ")).map(name =>(name,1))
nameRDD: org.apache.spark.rdd.RDD[(String,Int)]=MapPartitionsRDD[2] at map at <console>: 28
scala> val groupName=nameRDD.groupByKey()
groupName: org.apache.spark.rdd.RDD[(String,Iterable[Int])]=ShuffledRDD[3] at groupByKey at <console>: 30
scala> groupName.collect
res(): Array[(String,Iterable[Int])]=Array((Spark,CompactBuffer(1,1)),(Hive,CompactBuffer(1)),(Kylin,CompactBuffer(1)),(Flink,CompactBuffer(1,1)),(Oozie,CompactBuffer(1)),(Sqoop,CompactBuffer(1)),(Hadoop,CompactBuffer(1,1)))
```

在上面的代码中，nameRDD.groupByKey()执行后，RDD中所有Key相同的Value都被合并到一起。以（Spark，CompactBuffer（1,1））为例，在定义的集合中一共有两个Spark，可以看成是（"Spark",1）、（"Spark",1）这两个键值合成的新的键值对。

## 5. reduceByKey（func）

顾名思义，reduceByKey 就是对元素为 KV 对的 RDD 中键相同的元素的值进行 Reduce（归纳），因此，Key 相同的多个元素的值被 Reduce 为一个值，然后与原 RDD 中的 Key 组成一个新的 KV 对。实例代码如下：

```
scala> val list=List("Hadoop Flink","Hive Sqoop","Spark Kylin","Flink","Oozie","Spark","Hadoop")
list: List[String]=List(Hadoop Flink,Hive Sqoop,Spark Kylin,Flink,Oozie,Spark,Hadoop)
scala> val listRDD=sc.parallelize(list)
listRDD: org.apache.spark.rdd.RDD[String]=ParallelCollectionRDD[0] at parallelize at <console>: 26
scala> val nameRDD=listRDD.flatMap(line=>line.split(" ")).map(name =>(name,1))
nameRDD: org.apache.spark.rdd.RDD[(String,Int)]=MapPartitionsRDD[2] at map at <console>: 28
scala> val reduceName=nameRDD.reduceByKey(_+_)
reduceName: org.apache.spark.rdd.RDD[(String,Int)]=ShuffledRDD[3] at reduceByKey at <console>: 30
scala> reduceName.collect
res(): Array[(String,Int)]=Array((Spark,2),(Hive,1),(Kylin,1),(Flink,2),(Oozie,1),(Sqoop,1),(Hadoop,2))
```

在上面的代码中，nameRDD.reduceByKey（_+_）可以分为两个步骤：先执行 reduceByKey 将所有键相同的值合并在一起，生成一个新的键值对，例如（"Spark"，（1，1））；然后执行 func 操作，使用_+_对（1，1）聚合求和，最后得到结果（Spark，2）。

### 4.3.2 行动算子

行动算子（Action）会触发 SparkContext 提交 Job（工作）作业。下面是一些常用行动算子的 API，见表 4-2。

表 4-2 常用行动算子的 API

| 操 作 | 介 绍 |
| --- | --- |
| reduce（func） | 通过函数 func 聚集数据集中的所有元素。Func 函数接收 2 个参数，返回一个值。这个函数必须是关联性的，确保可以被正确地并发执行 |
| collect() | 在驱动程序中，以数组的形式返回数据集的所有元素 |
| count() | 返回数据集的元素个数 |
| take（n） | 返回一个数组，由数据集的前 n 个元素组成 |
| first() | 返回数据集的第一个元素，类似于 take（1） |
| foreach（func） | 在数据集的每一个元素上，运行函数 func。 |
| saveAsTextFile（path） | 将数据集的元素，以 textfile 的形式保存到本地文件系统、hdfs 或者任何其他 Hadoop 支持的文件系统。Spark 将会调用每个元素的 toString() 方法，并将其转换为文件中的一行文本 |

#### 1. reduce（func）

reduce 将 RDD 中元素两两传递给输入函数，同时产生一个新的值，新产生的值与 RDD 中下一个元素再被传递给输入函数，直到最后只有一个值为止。实例代码如下：

```
scala> val list=List(1,2,3,4,5,6)
list: List[Int]=List(1,2,3,4,5,6)
scala> val listRDD=sc.parallelize(list)
listRDD: org.apache.spark.rdd.RDD[Int]=ParallelCollectionRDD[0]
        at parallelize at <console>: 26
scala> val result=listRDD.reduce((x,y)=> x+y)
result: Int=21
scala> print(result)
21
```

在上面的代码中，reduce 执行后返回的结果是 21，说明成功地将 RDD 数据集中所有的元素进行求和，结果为 21。

#### 2. collect()

在 Driver（驱动）的程序中，以数组的形式返回数据集的所有元素。这通常会在使用 filter（过滤器）或者其他操作后，返回一个足够小的数据子集再使用，直接将整个 RDD 集 Collect（控制器）返回，很可能会让 Driver 程序 OOM（Out of Memory，内存溢出）。实例代码如下：

```
scala> val a=sc.parallelize(1 to 10)
```

```
a: org.apache.spark.rdd.RDD[Int]=ParallelCollectionRDD[1] at parallelize
    at <console>: 24
scala> a.collect()
res1: Array[Int]=Array(1,2,3,4,5,6,7,8,9,10)
```

collect 相当于 toArray，不过已经过时，不推荐使用。collect 将分布式的 RDD 返回为一个单机的 scala Array 数据，在这个数组上运用 Scala 的函数式操作。

3. count()

count() 返回整个 RDD 的元素个数。可以定义一个 RDD，使用 count() 来统计 RDD 的元素个数。实例代码如下：

```
scala> val a=sc.parallelize(1 to 10)
a: org.apache.spark.rdd.RDD[Int]=ParallelCollectionRDD[0] at parallelize at <console>: 24
scala> a.count()
res0: Long=10
```

4. take（n）

take 和 collect 操作类似，只是 collect 操作获取的是所有数据，而 take 操作获取的是前 n 个元素。实例代码如下：

```
scala> val a=sc.parallelize(1 to 10)
a: org.apache.spark.rdd.RDD[Int]=ParallelCollectionRDD[0] at parallelize
    at <console>: 24
scala> a.take(5)
res0: Array[Int]=Array(1,2,3,4,5)
```

从返回的结果可以看出，take 操作后成功地获取了 RDD 数据集的前 5 个元素。

5. first()

first() 的作用是返回数据集的第一个元素。可以定义一个 RDD，使用 first() 来获取 RDD 中的第一个元素。实例代码如下：

```
scala> val a=sc.parallelize(1 to 10)
a: org.apache.spark.rdd.RDD[Int]=ParallelCollectionRDD[0] at parallelize
    at <console>: 24
scala> a.first()
res0: Int=1
```

从结果可以看出，已成功地获取了 RDD 数据集的第一个元素。

6. foreach（func）

foreach 对 RDD 中的每个元素都应用 func 函数操作，不返回 RDD 和 Array，而是返回 Uint。实例代码如下：

```
scala> val a=sc.parallelize(1 to 9)
a: org.apache.spark.rdd.RDD[Int]=ParallelCollectionRDD[()] at parallelize
    at <console>: 24
```

```
scala> a.foreach(println)
7
8
9
4
5
6
1
2
3
```

在上面的代码中，foreach（println）打印出了 a 中的所有元素，这里还有另一种写法：foreach（a=>println（a）），含义是依次遍历 a 中的所有元素，把当前遍历的元素赋值给变量 x，通过 println（x）打印出来。

## 4.4 RDD 之间的依赖关系

RDD 和它依赖的父 RDD 的关系有两种不同的类型，即窄依赖（narrow dependency）和宽依赖（wide dependency）。

### 1. 窄依赖

窄依赖指的是每一个父 RDD 的 Partition 最多被子 RDD 的一个 Partition 使用，如图 4-1 所示。

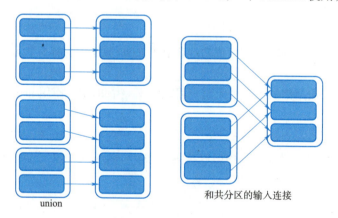

图 4-1 窄依赖

### 2. 宽依赖

宽依赖指的是多个子 RDD 的 Partition 会依赖同一个父 RDD 的 Partition，如图 4-2 所示。

### 3. Lineage（血统）

RDD 只支持粗粒度转换，即只记录单个块上执行的单个操作。将创建 RDD 的一系列 Lineage 记录下来，以便恢复丢失的分区。RDD 的 Lineage 会记录 RDD 的元数据信息和转换行为，当该 RDD 的部分分区数据丢失时，它可以根据这些信息来重新运算和恢复丢失的数据分区。

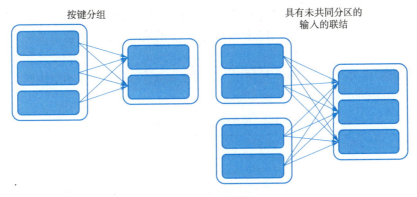

图 4-2　宽依赖

## 4.5　RDD 机制

### 4.5.1　持久化机制

多次对某个 RDD 进行 Transformation（从现有的数据集创建新的数据集）或者 Action（在对数据集运行计算后将值返回给驱动程序），如果没有做 RDD 持久化，每次都要重新计算一个 RDD，会消耗大量时间，降低 Spark 性能。

Spark 非常重要的一个功能特性就是可以将 RDD 持久化在内存中。当对 RDD 执行持久化操作时，每个节点都会将自己操作的 RDD 的 Partition（分区）持久化到内存中，并且在之后对该 RDD 的反复使用中，直接使用内存中的 Partition。这样，对于针对一个 RDD 反复执行多个操作的场景，只要对 RDD 计算一次即可，后面直接使用该 RDD，而不需要反复计算多次该 RDD。

巧妙使用 RDD 持久化，甚至在某些场景下，可以将 Spark 应用程序的性能提升 10 倍。对于迭代式算法和快速交互式应用来说，RDD 持久化是非常重要的。

要持久化一个 RDD，只要调用其 cache() 或者 persist() 方法即可。在该 RDD 第一次被计算出来时，就会直接缓存在每个节点中。而且 Spark 的持久化机制还是自动容错的，如果持久化的 RDD 的任何 Partition 丢失，Spark 就会自动通过其源 RDD，使用 transformation 操作重新计算该 Partition。

Spark 也会在进行 Shuffle 操作时，进行数据的持久化（如写入磁盘），主要是为了在作为节点的服务器写入失败时，避免需要重新计算整个过程。

RDD 持久化是可以手动选择不同的策略的。例如，可以将 RDD 持久化在内存中、持久化到磁盘上，使用序列化的方式持久化，对持久化的数据进行多路复用。只要在调用 persist() 时传入对应的 StorageLevel（持久化存储级别，Spark 中的类）即可。

Spark 提供的多种持久化级别，主要是为了在 CPU 和内存消耗之间进行取舍。下面是一些通用的持久化级别的选择建议：

①优先使用 MEMORY_ONLY，如果可以缓存所有数据，就使用这种策略。因为纯内存速度最快，而且没有序列化，不需要消耗 CPU 进行反序列化操作。

②如果利用 MEMORY_ONLY 策略无法存储所有数据，可使用 MEMORY_ONLY_SER 将数据进行

序列化存储，纯内存操作还是非常快，只是要消耗 CPU 进行反序列化。

③如果需要进行快速的失败恢复，则选择带后缀为 _2 的策略，进行数据的备份，这样在失败时，就不需要重新计算。

④能不使用 DISK 相关的策略，就不用使用，有时从磁盘读取数据，还不如重新计算一次。

下面是持久化 RDD 的存储级别，见表 4-3。

表 4-3 持久化 RDD 的存储级别

| 存储级别 | 说明 |
| --- | --- |
| MEMORY_ONLY | 将 RDD 以反序列化 Java 对象的形式存储在 JVM 中。如果内存空间不够，部分分区将不再缓存，在每次需要用到这些数据时重新进行计算。这是默认的存储级别 |
| MEMORY_AND_DISK | 将 RDD 以反序列化 Java 对象的形式存储在 JVM 中。如果内存空间不够，将未缓存的数据分区存储到磁盘，在需要使用这些分区时从磁盘读取 |
| MEMORY_ONLY_SER | 将 RDD 以序列化的 Java 对象的形式进行存储（每个分区为一个字节数组）。这种方式比反序列化的 Java 对象节省空间，但是在读取时会增加 CPU 的计算负担 |
| MEMORY_AND_DISK_SER | 类似于 MEMORY_ONLY_SER，但是溢出的分区会存储到磁盘，而不是在用到它们时重新计算 |
| DISK_ONLY | 只在磁盘上缓存 RDD |
| MEMORY_ONLY_2，MEMORY_AND_DISK_2 | 与上面的级别功能相同，只不过每个分区在集群中两个节点上建立副本。需要加上后缀 _2，代表的是将每个持久化的数据都复制一份副本，并将副本保存到其他节点上 |
| OFF_HEAP | 类似于 MEMORY_ONLY_SER，但是将数据存储在 off-heap memory（堆外内存），这需要启动 off-heap 内存 |

1. 如何选择存储级别

Spark 存储级别的选择，核心问题是在内存使用率和 CPU 效率之间进行权衡。建议按下面的过程进行存储级别的选择：

①如果使用默认的存储级别（MEMORY_ONLY），存储在内存中的 RDD 没有发生溢出，就选择默认的存储级别。默认存储级别可以最大限度地提高 CPU 的效率，可以使在 RDD 上的操作以最快的速度运行。前提是内存必须足够大，可以绰绰有余地存放整个 RDD 的所有数据。因为不进行序列化与反序列化操作，就避免了这部分的性能开销；对这个 RDD 的后续算子操作，都是基于纯内存中数据的操作，不需要从磁盘文件中读取数据，性能也很高；而且不需要复制一份数据副本，并远程传送到其他节点上。但是，这里必须要注意的是，在实际的生产环境中，恐怕能够直接用这种策略的场景还是有限的。如果 RDD 中数据比较多时（比如几十亿），直接用这种持久化级别，会导致 JVM 的 OOM（内存溢出）异常。

②如果内存不能全部存储 RDD，可使用 MEMORY_ONLY_SER，并挑选一个快速序列化库将对象序列化，以节省内存空间。使用这种存储级别，计算速度仍然很快。该级别会将 RDD 数据序列化后再保存在内存中，此时每个分区仅仅是一个字节数组而已，大幅减少了对象数量，并降低了内存占用。这种级别比 MEMORY_ONLY 多出来的性能开销，主要就是序列化与反序列化的开销。但是，后续算子可以基于纯内存进行操作，因此性能总体还是比较高的。此外，如果 RDD 中的数据量过多，可能会导致内存溢出的异常。

③在计算该数据集的代价特别高，或者需要过滤大量数据的情况下，尽量不要将溢出的数据存储到磁盘。因为重新计算这个数据分区的耗时与从磁盘读取这些数据的耗时差不多。

④如果想快速还原故障，建议使用多副本存储级别（例如，使用 Spark 作为 Web 应用的后台服务，在服务出现故障时需要快速恢复的场景下）。所有的存储级别都通过重新计算丢失的数据的方式，提供了完全容错机制。但是，多副本级别在发生数据丢失时，不需要重新计算对应的数据库，可以让任务继续运行。

⑤通常不建议使用 DISK_ONLY 和后缀为 _2 的级别。因为完全基于磁盘文件进行数据的读/写，会导致性能急剧降低，有时还不如重新计算一次所有 RDD。后缀为 _2 的级别，必须将所有数据都复制一份副本，并发送到其他节点上，数据复制以及网络传输会导致较大的性能开销，除非要求作业的高可用性，否则不建议使用。

### 2. cache() 和 persist() 的区别

cache() 和 persist() 的区别在于，cache() 是 persist() 的一种简化方式，cache() 的底层就是调用的 persist() 的无参版本，同时调用 persist（MEMORY_ONLY），将数据持久化到内存中。如果需要从内存中清除缓存（Cache），可以使用 unpersist() 方法。下面以 Cache 为例对 RDD 进行持久化。

首先需要准备一个足够大的 txt 文件，如果文件比较小，可能 Cache 的效果还不如不缓存的好。实例代码如下：

```scala
import org.apache.spark.{SparkConf,SparkContext}
objectCache{
    def main(args: Array[String]): Unit={
        val sparkConf: SparkConf=new SparkConf().setAppName("Cache").
            setMaster("local[2]")
        val sc=new SparkContext(sparkConf)

        val rdd=sc.textFile("D: \\audit_result.txt").cache()
        var beiginTime=System.currentTimeMillis
        println(rdd.count)
        var endTime=System.currentTimeMillis
        println("cost"+(endTime- beiginTime)+ "milliseconds.")

        beiginTime=System.currentTimeMillis
        println(rdd.count)
        endTime=System.currentTimeMillis
        println("cost"+(endTime- beiginTime)+"milliseconds.")
        sc.stop
    }
}
```

先看一下没有 Cache 的时间：

```
39
cost 649 milliseconds
39
```

```
cost 58 milliseconds
```

然后将代码 val rdd=sc.textFile（"D：\\audit_result.txt"）替换为 val rdd=sc.textFile（"D：\\audit_result.txt"）.cache，再进行测试。

```
39
cost 722 milliseconds
39
cost 47 milliseconds
```

可以看到 Cache 后第二次 Count（属性，次数）的时间明显比没有 Cache 第二次 Count 的时间少很多，第一次 Count 时间增加是因为要进行持久化，如果看总时间，只有多次使用该 RDD 时，效果才明显。

### 4.5.2 容错机制

Spark 的计算本质就是对 RDD 做各种转换，因为 RDD 是一个不可变只读的集合，每次的转换都需要上一次的 RDD 作为本次转换的输入，因此 RDD 的 Lineage 描述的是 RDD 间的相互依赖关系。为了保证 RDD 中数据的健壮性，RDD 数据集通过所谓血统关系（Lineage）记住了它是如何从其他 RDD 中演变过来的。Spark 将 RDD 之间的关系规类为宽依赖和窄依赖。Spark 会根据 Lineage 存储的 RDD 的依赖关系对 RDD 计算做故障容错，目前 Spark 的容错策略主要是根据 RDD 依赖关系重新计算、对 RDD 做缓存、对 RDD 做 Checkpoint（检查）手段完成 RDD 计算的故障容错。

#### 1. RDD Lineage 血统容错

Spark 中 RDD 采用高度受限的分布式共享内存，且新的 RDD 的产生只能够通过其他 RDD 上的批量操作来创建，依赖于以 RDD 的 Lineage 为核心的容错处理，在迭代计算方面比 Hadoop 快几十倍，同时还可以在 5~7 s 内交互式地查询 TB 级别的数据集。

Spark RDD 实现基于 Lineage 的容错机制，基于 RDD 的各项 Transformation（RDD 的常用基本操作中的一类，基于一个 RDD，根据一定的规则，构建一个新的 RDD）构成了 Compute Chain（计算链），在部分计算结果丢失时可以根据 Lineage 重新恢复计算。

①在窄依赖中，在子 RDD 的分区丢失，要重算父 RDD 分区时，父 RDD 相应分区的所有数据都是子 RDD 分区的数据，并不存在冗余计算。

②在宽依赖情况下，丢失一个子 RDD 分区，重算的每个父 RDD 的每个分区的所有数据并不是都给丢失的子 RDD 分区用，会有一部分数据相当于对应的是未丢失的子 RDD 分区中需要的数据，这样就会产生冗余计算开销和巨大的性能浪费。

#### 2. Checkpoint 容错

Spark Checkpoint 通过将 RDD 写入 Disk 做检查点，是 Spark Lineage 容错的辅助。Lineage 过长会造成容错成本过高，这时在中间阶段做检查点容错。如果之后有节点出现问题而丢失分区，从做检查点的 RDD 开始重做 Lineage，就会减少开销。

Checkpoint 主要适用于以下两种情况：

① DAG（directed acyclic graph，有向无环图）中的 Lineage 过长，如果重算，开销太大，如 PageRank、ALS 等。

②尤其适合在宽依赖上做 Checkpoint，这时就可以避免为 Lineage 重新计算而带来的冗余计算。

# 4.6 统计每日新增用户

（1）统计内容

通过 Spark RDD 统计每日新增用户，并分别在 Spark Shell 和 IDEA 中实现。

（2）统计目的

①掌握使用 Spark Shell 完成每日新增用户统计。

②掌握使用 IDEA 代码实现每日新增用户统计。

（3）参考步骤

①任务需求分析。

②在 Spark Shell 中实现。

③在 IDEA 中实现。

这里通过 Spark RDD 统计每日新增用户，并分别在 Spark Shell 和 IDEA 中实现。接下来分别进行讲解。

## 4.6.1 需求分析

已知有以下用户访问历史数据，第一列为用户访问网站的日期，第二列为用户名，见表 4-4。

表 4-4  用户访问历史数据

| 访问日期 | 用户名 |
| --- | --- |
| 2023-01-01 | mike |
| 2023-01-01 | alice |
| 2023-01-01 | brown |
| 2023-01-02 | mike |
| 2023-01-02 | alice |
| 2023-01-02 | green |
| 2023-01-03 | alice |
| 2023-01-03 | smith |
| 2023-01-03 | brian |

2023-01-01 新增了 3 个用户（分别为 mike、alice、brown），2023-01-02 新增了 1 个用户（green），2023-01-03 新增了两个用户（分别为 smith、brian）。

若同一个用户对应多个访问日期，则最小的日期为该用户的注册日期，即新增日期，其他日期为重复访问日期，不应统计在内，因此每个用户应该只计算用户访问的最小日期即可。将每个用户访问的最小日期都移到第一列，第一列为有效数据，只统计第一列中每个日期的出现次数，即为对应日期的新增用户数。

## 4.6.2 在 Spark Shell 中实现

首先启动 Hadoop 集群与 Spark 集群。

```
/usr/local/app/hadoop-2.7.4/sbin/start-all.sh
/usr/local/app/spark-2.3.2-bin-hadoop2.7/start-all.sh
```

然后将数据 users.txt 上传到 hdfs 中，命令如下：

```
hadoop fs-put users.txt /
users.txt 内容如下：
2023-01-01,mike
2023-01-01,alice
2023-01-01,brown
2023-01-02,mike
2023-01-02,alice
2023-01-02,green
2023-01-03,alice
2023-01-03,smith
2023-01-03,brian
```

1. 文件读取

在任一节点 spark/bin 目录下执行命令启动 spark-shell。命令如下：

```
spark-shell--master spark: //master: 7077
```

读取文件，得到 RDD：

```
val rdd1=sc.textFile("hdfs: //master: 9000/users.txt")
```

结果如图 4-3 所示。

```
scala> val rdd1 = sc.textFile("hdfs://master:9000/users.txt")
rdd1: org.apache.spark.rdd.RDD[String] = hdfs://master:9000/users.txt MapPartitionsRDD[1] at textFile at <console>:24
```

图 4-3　读取文件，得到 RDD

此时可打印 RDD 中的数据，如图 4-4 所示。

```
scala> rdd1.collect.foreach(println)
2023-01-01,mike
2023-01-01,alice
2023-01-01,brown
2023-01-02,mike
2023-01-02,alice
2023-01-02,green
2023-01-03,alice
2023-01-03,smith
2023-01-03,brian
```

图 4-4　打印 RDD 数据

2. RDD 元组元素互换

倒排，互换 RDD 中元组的元素顺序。代码如下：

```
val rdd2=rdd1.map(
    line=>{
```

```
        val fields=line.split(",")
          (fields(1),fields(0))
    }
)
```

执行上述语句,运行结果如图 4-5 所示。

```
scala>  val rdd2 = rdd1.map(
     |    line => {
     |      val fields = line.split(",")
     |        (fields(1), fields(0))
     |    }
     | )
rdd2: org.apache.spark.rdd.RDD[(String, String)] = MapPartitionsRDD[2] at map at <console>:25
```

图 4-5　元素互换

### 3. 分组

将倒排后的 RDD 按键值进行分组。代码如下:

```
val rdd3=rdd2.groupByKey()
```

执行上述语句,运行结果如图 4-6 所示。

```
scala> val rdd3 = rdd2.groupByKey()
rdd3: org.apache.spark.rdd.RDD[(String, Iterable[String])] = ShuffledRDD[3] at groupByKey at <console>:25

scala> rdd3.collect.foreach(println)
(alice,CompactBuffer(2023-01-01, 2023-01-02, 2023-01-03))
(mike,CompactBuffer(2023-01-01, 2023-01-02))
(brown,CompactBuffer(2023-01-01))
(brian,CompactBuffer(2023-01-03))
(smith,CompactBuffer(2023-01-03))
(green,CompactBuffer(2023-01-02))
```

图 4-6　分组

### 4. 取最小值

取分组后的日期集合最小值,并计数为 1。代码如下:

```
val rdd4=rdd3.map(line=>(line._2.min,1))
```

执行上述语句,运行结果如图 4-7 所示。

```
scala> val rdd4 = rdd3.map(line => (line._2.min,1))
rdd4: org.apache.spark.rdd.RDD[(String, Int)] = MapPartitionsRDD[4] at map at <console>:25

scala> rdd4.collect.foreach(println)
(2023-01-01,1)
(2023-01-01,1)
(2023-01-01,1)
(2023-01-03,1)
(2023-01-03,1)
(2023-01-02,1)
```

图 4-7　取最小值

### 5. 每日新增用户数

按键值计数，得到每日新增用户数。代码如下：

```
val result=rdd4.countByKey()
```

执行上述语句，运行结果如图 4-8 所示。

```
scala> val result = rdd4.countByKey()
result: scala.collection.Map[String,Long] = Map(2023-01-02 -> 1, 2023-01-03 -> 2, 2023-01-01 -> 3)

scala> result.keys.foreach(key => println(key + ","+result(key)))
2023-01-02,1
2023-01-03,2
2023-01-01,3
```

图 4-8 每日新增用户

### 6. 输出结果按日期升序

映射不能直接排序，只能让键集转为列表后排序，再遍历键集输出映射。代码如下：

```
val keys=result.keys.toList.sorted
```

执行上述语句，运行结果如图 4-9 所示。

```
scala>  val keys = result.keys.toList.sorted
keys: List[String] = List(2023-01-01, 2023-01-02, 2023-01-03)

scala> keys.foreach(key => println(key +","+result(key)))
2023-01-01,3
2023-01-02,1
2023-01-03,2
```

图 4-9 数据结果排序

## 4.6.3 在 IDEA 中实现

### 1. 新建 Maven 项目

在 IDEA 中创建名为 NewUser 的 Maven 项目，如图 4-10~图 4-14 所示。

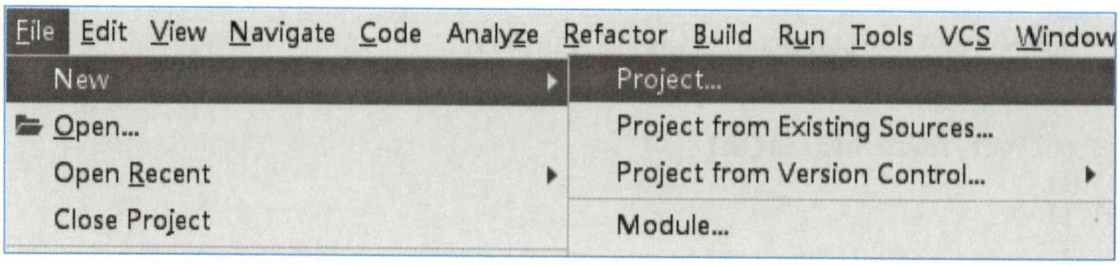

图 4-10 项目新建（一）

第 4 章 弹性分布式数据集

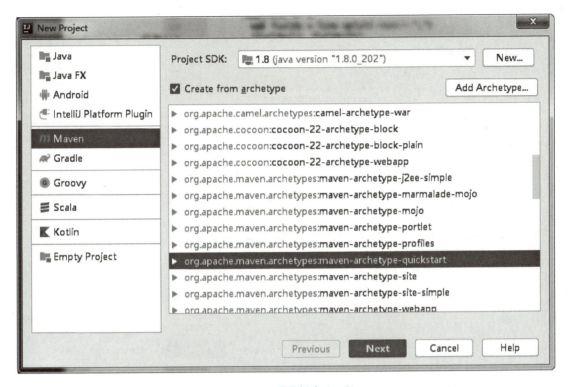

图 4-11 项目新建（二）

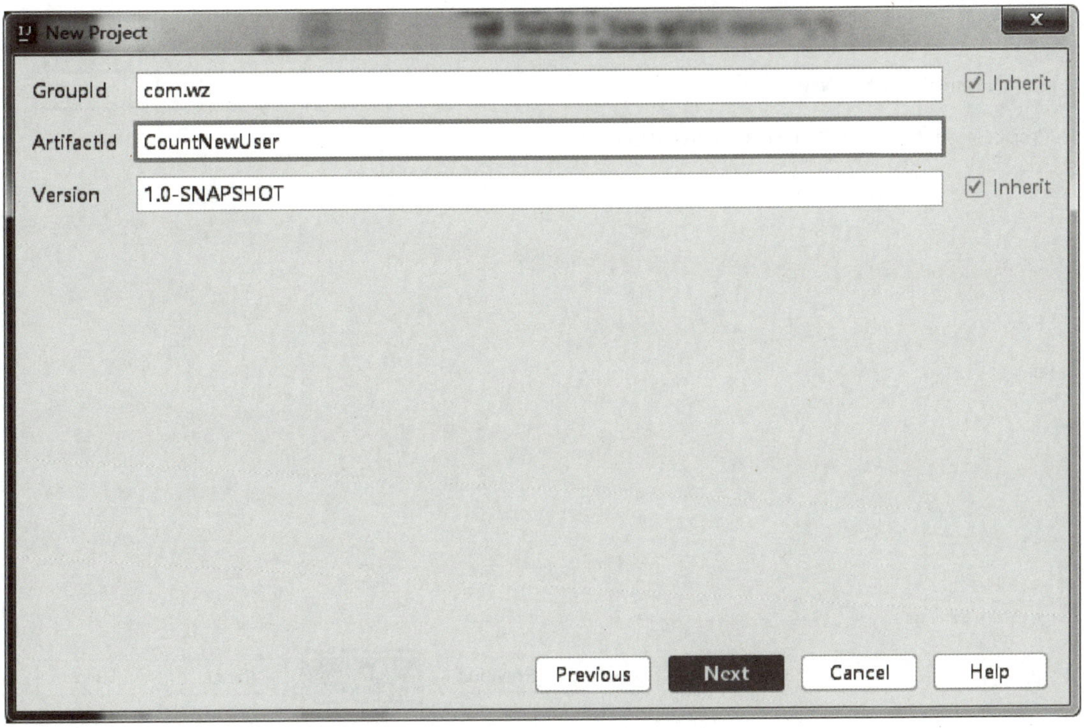

图 4-12 项目新建（三）

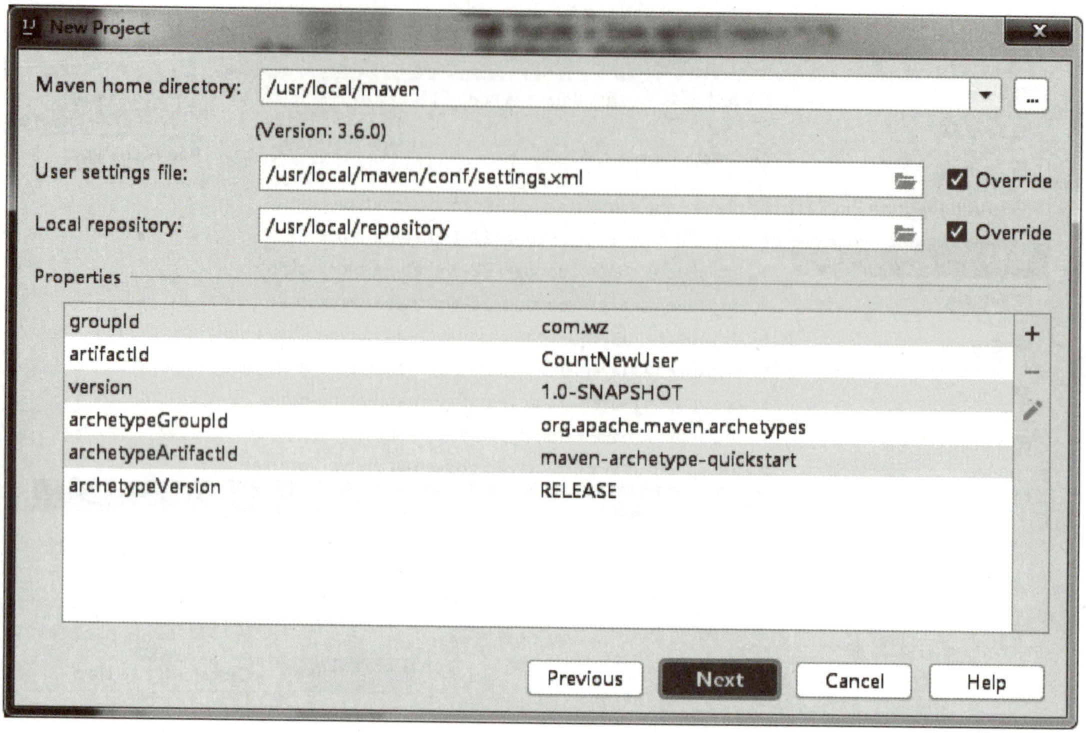


图 4-13　项目新建（四）

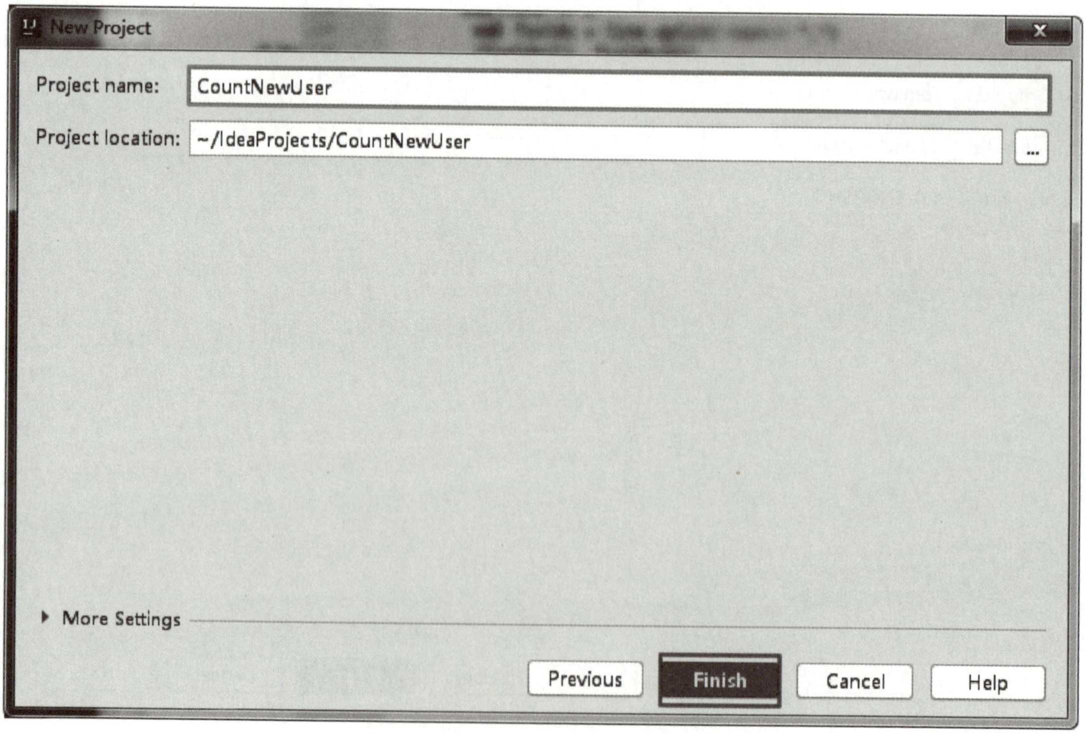


图 4-14　项目新建（五）

## 第 4 章  弹性分布式数据集

2. 添加依赖和 Scala 环境

在 pom.xml 文件中添加如下依赖：

```xml
<dependency>
    <groupId>org.scala-lang</groupId>
    <artifactId>scala-library</artifactId>
    <version>2.12.11</version>
</dependency>
<dependency>
    <groupId>org.apache.spark</groupId>
    <artifactId>spark-core_2.12</artifactId>
    <version>3.0.1</version>
</dependency>
<dependency>
    <groupId>org.apache.spark</groupId>
    <artifactId>spark-sql_2.12</artifactId>
    <version>3.0.1</version>
</dependency>
```

然后选择 File → Project Structure 命令，在 Global Libraries 下添加 Scala 环境，如图 4-15 所示。

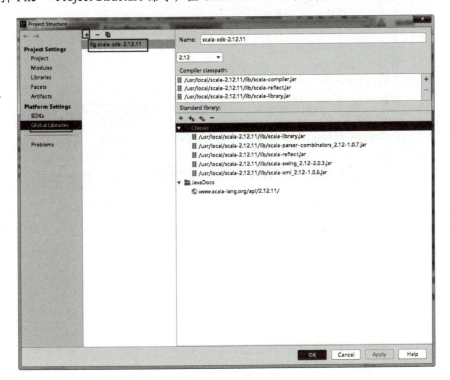

图 4-15  添加 Scala 环境

3. 创建日志属性文件

在项目 main 下创建名为 resources 的目录，并将其标志为 Resources Root，如图 4-16 所示。

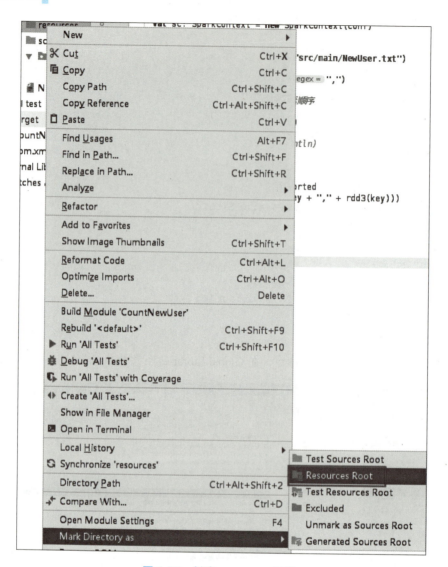

图 4-16 创建 resources 目录

在 resources 下创建名为 log4j 的 properties，log4j.properties 内容如下：

```
log4j.rootLogger=ERROR,stdout,logfile
log4j.appender.stdout=org.apache.log4j.ConsoleAppender
log4j.appender.stdout.layout=org.apache.log4j.PatternLayout
log4j.appender.stdout.layout.ConversionPattern=%d %p [%c]- %m%n
log4j.appender.logfile=org.apache.log4j.FileAppender
log4j.appender.logfile.File=target/spark.log
log4j.appender.logfile.layout=org.apache.log4j.PatternLayout
log4j.appender.logfile.layout.ConversionPattern=%d %p [%c]- %m%n
```

4. 代码实现

在 Scala 下创建 com.wz 包，在包下创建名为 CountNewUser 的 Scala 类，完整代码如下：

```
package com.wz
import org.apache.spark.{SparkConf,SparkContext}
objectCountNewUser{
  def main(args: Array[String]): Unit={
    // 准备 sc/SparkContext/Spark 上下文执行环境
    val conf: SparkConf=new SparkConf().setAppName("wc").
            setMaster("local[*]")
    val sc: SparkContext=new SparkContext(conf)
    sc.setLogLevel("WARN")
    // 实现按日期统计
    val rdd2=sc.textFile("src/main/NewUser.txt")
      .map(line=>{
        val fields=line.split(",")
        (fields(1),fields(0))
      })// 倒排，互换 RDD 中元组的元素顺序
      .groupByKey()            // 按键分组
      .map(item=>(item._2.min,1)
    )// 值排序，取前三
//rdd2.collect.foreach(println)
// 按键计数，得到每日新增用户数
    val rdd3=rdd2 .countByKey()
    // 让输出结果按日期升序
    val keys=rdd3.keys.toList.sorted
    keys.foreach(key=>println(key+","+rdd3(key)))
    // 停止 Spark 容器，结束任务
    sc.stop()
  }
}
```

在 sc.textFile 中配置数据文件所在路径，这里填写本地，需要在 main 下创建 NewUser.txt，文件内容见 4.6.2 节。若需要读取 HDFS 中的文件，可修改为以下代码：

```
val rdd2=sc.textFile("hdfs: //master: 9000/NewUser.txt")
```

运行代码，结果如图 4-17 所示。

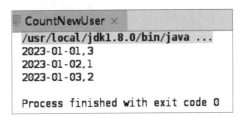

图 4-17 运行结果

至此，统计每日新增用户的功能实现完成。

## 小 结

本章讲解了如何编写和运行 Spark 程序,包括 Spark 的核心概念、数据操作、转换和动作,以及如何使用 Spark 的 API。

首先,介绍了 Spark 的核心概念,包括 RDD(弹性分布式数据集)、Spark 上下文、转换和动作。解释了这些概念是如何相互作用的,并讨论了它们的优点和缺点。

其次,讨论了如何使用 Spark 的 API 来操作数据。介绍了 Spark 的数据操作,包括转换(如 map、filter、reduceByKey 等)和动作(如 count、collect、reduce 等),以及如何使用这些操作来处理和转换数据。

再次,演示了如何在 Scala 中编写 Spark 程序,并提供了一些示例代码和说明。

最后,介绍了如何在本地和集群上运行 Spark 程序,并提供了一些有用的技巧和工具,以帮助用户调试和优化 Spark 应用程序。

## 习 题

1. 下列关于 Spark 中的 RDD 描述正确的是(　　)。
   A. RDD 称为弹性分布式数据集,是 Spark 中最基本的数据抽象
   B. RDD 是一个不可变的集合
   C. RDD 是可以分成多个分区的,里面的元素可以并行计算的集合
   D. RDD 数据本地性,数据向计算靠拢

2. 大数据中 Spark 生态支持的组件有(　　)和(　　)。
   A. eMBB                            B. spark SQL
   C. ETC                             D. spark streaming

3. Spark 中每一个 RDD 都可以用不同的存储级别进行保存,从而允许持久化数据集在硬盘或者在内存作为序列化的_____对象。

4. 求 data 的平均值 data=[1,5,7,10,23,20,6,5,10,7,10]。

5. 求 data 中出现次数最多的数 data=[1,5,7,10,23,20,6,5,10,7,10]。

# 第 5 章

# Spark 核心原理

## 学习目标

- 掌握消息通信原理。
- 理解 Spark 任务的调度和执行原理。
- 掌握 Spark 的调试和故障排查技巧。

## 素质目标

- 具备完善的理解能力，能深入理解和使用 Spark，解释 RDD 的概念、特点、使用场景等，能够对 Spark 的执行流程和优化技术进行深入分析和调优。
- 具备解决问题的能力，能够快速排查和解决 Spark 相关问题，能够快速诊断和解决 Spark 程序中的问题。
- 具备应对实际问题的能力，能够使用 Spark 进行大规模数据处理和分析，能够应用 Spark 技术解决实际问题。

大数据时代的到来，让数据分析和处理变得更加重要和复杂。在这样的背景下，Spark 作为一个分布式计算框架，受到越来越多的关注和应用。Spark 的核心原理是了解 Spark 的必要条件，包括 Spark 的消息通信原理、任务执行原理以及容错与高可用性方面的知识。通过学习这些内容，可以更好地理解 Spark 的工作方式，优化 Spark 应用程序的性能，以及实现 Spark 集群的高可靠性和容错性。

## 5.1 消息通信原理

### 5.1.1 整体框架

在 Spark 中定义了通信框架的接口，这些接口中调用了 Netty（由 JBOSS 提供的一个 Java 开源框架）的具体方法 [ 在 Spark 2.x 前，使用的是 Akka（Java 虚拟机 JVM 平台上构建高并发、分布式和容错应用的工具包和运行时）]。各接口和实现类的关系如图 5-1 所示。

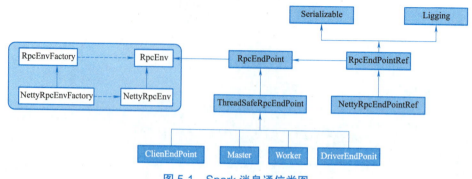

图 5-1　Spark 消息通信类图

几个重要的概念：

① RpcEnv：RPC 环境，每个 Rpc 端点运行时依赖的环境称为 RpcEnv。

② RpcEndpoint：RPC 端点，Spark 将每个通信实体都称为一个 Rpc 端点，且都实现 RpcEndpoint 接口，内部根据不同端点的需求，设计不同的消息和不同的业务处理。

③ Dispatcher：消息分发器，负责将 RpcMessage（remote procedure call protocol 远程过程调用协议消息）分发至对应的 RpcEndpoint。Dispatcher（消息分发器）中包含一个 MessageLoop，它读取 LinkedBlockingQueue 中的投递 RpcMessage，根据客户端指定的 Endpoint 标识，找到 Endpoint 的 Inbox，然后投递进去，由于是阻塞队列，当没有消息的时候自然阻塞，一旦有消息，就开始工作。Dispatcher 的 ThreadPool 负责消费这些 Message（消息）。

④ Inbox：一个本地端点对应一个收件箱，Inbox 里面有一个 InboxMessage 的链表，InboxMessage 有很多子类，可以是远程调用过来的 RpcMessage，可以是远程调用过来的 fire-and-forget 的单向消息 OneWayMessage，还可以是各种服务启动，链路建立断开等 Message（消息），这些 Message（消息）都会在 Inbox 内部的方法内做模式匹配，调用相应的 RpcEndpoint 的函数。

⑤ Outbox：一个远程端点对应一个发件箱，NettyRpcEnv 中包含一个 ConcurrentHashMap[RpcAddress, Outbox]。当消息放入 Outbox 后，紧接着将消息通过 TransportClient（Spark Rpc 最底层的基础客户端类）发送出去。

对于服务端来说，RpcEnv 是 RpcEndpoint 的运行环境，负责 Endpoint 的整个生命周期管理，它可以注册或 Endpoint，解析 TCP 层的数据包并反序列化，封装成 RpcMessage，并且路由请求到指定的 Endpoint，调用业务逻辑代码，如果 Endpoint 需要响应，把返回的对象序列化后通过 TCP 层再传输到远程对端，如果 Endpoint 发生异常，那么调用 RpcCallContext.sendFailure 把异常发送回去。

对客户端来说，通过 RpcEnv 可以获取 RpcEndpoint 引用，也就是 RpcEndpointRef。

⑥ RpcEnv 的创建由 RpcEnvFactory 负责，RpcEnvFactory 目前只有一个子类是 NettyRpcEnvFactory。NettyRpcEnvFactory.create 方法一旦调用就会立即在 bind（构建）的 address（地址）和 port（端口）上启动 server（服务）。

⑦ NettyRpcEnv 由 NettyRpcEnvFactory.create 创建，这是整个 Sparkcore 和 org.apache.spark.spark-network-common 的桥梁。其中核心方法 setupEndpoint 会在 Dispatcher 中注册 Endpoint，设置 EndpointRef（接收信息的的站点）会先去调用 RpcEndpointVerifier（类名，作用是，当 RpcEndpointRef

访问对应的 RpcEndpoint 前,判断 RpcEndpoint 是否存在)尝试验证本地或者远程是否存在某个 endpoint,然后再创建 RpcEndpointRef。

在各个模块中,如 DriverEndPoint、ClientEndPoint、Master、Worker 等,会先使用 RpcEnv 的静态方法创建 RpcEnv 实例,然后实例化终端,由于终端都是继承于 ThreadSafeEpcEndPoint,即创建的终端实例属于线程安全的,接着调用 RpcEnv 的启动终端方法 setupEndPoint,将终端和其应用的引用注册到 RpcEnv 中。换句话说,其他对象只要获取终端引用,就可以与其进行通信。以 master.scala 为例,startRpcEnvAndEndPoint() 方法中,启动消息通信框架的代码如下:

```
def startRpcEnvAndEndPoint(host: String,port: Int,webUiPort: Int,conf:
  SparkConf): (RpcEnv,Int,Option[Int])={
  val securityMgr=new SecurityManager(conf)
  val rpcEnv=RpcEnv.create(SYSTEM_NAME,host,port,conf,securityMgr)
  val masterEndPoint=rpcEnv.setupEndPoint(ENDPOINT_NAME,new Master(rpcEnv,
      rpcEnv.address,webUiPort,securityMgr,conf))     //注册master终端
  val portsResponse=masterEndPoint.askWithRetry[BoundPortsResponse]
    (BoundPortsRequest)(rpcEnv,portsResponse.webUIPort,portsResponse.
      restPort)
}
```

### 5.1.2 启动消息通信

在介绍了 Spark RPC 框架的大致内容后,下面以 Standalone 运行模式分析一下 Spark 启动过程中的通信。Spark 启动过程中,主要是进行 Master 和 Worker 之间的通信。图 5-2 所示为 Spark 消息通信交互过程。首先,由 Worker 节点向 Master 发送注册信息,然后,Master 处理完毕,返回注册成功或者失败消息,如果注册成功,Worker 会定时发送心跳包给 Master。

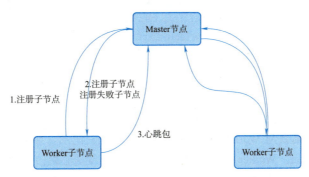

图 5-2  Spark 启动消息通信交互过程

具体过程如下:

当 Master 节点启动后,随之启动各 Worker 节点,Worker 启动时会创建 RpcEnv,以及 EndPoint 终端,并向 Master 发送注册 Worker 的消息 RegisterWorker。

**1. Worker 节点向 Master 节点请求注册**

在 Worker 中有一个 tryRegisterAllMasters() 方法,里面会创建一个注册线程池(因为一个 Worker 可能需要注册到多个 Master 中,如 HA 环境),将注册请求放进线程池中,通过线程池启动注册线程(即并发地进行注册请求)。tryRegisterAllMasters() 部分代码:

# Spark 大数据分析

```
private def tryRegisterAllMasters(): Array[JFuture[_]]={
  masterRpcAddress.map{ masterAddress=>
    registerMasterThreadPool.submit(new Runnable{
      override def run0: Unit={
        try{
          logInfo("Connecting to master "+masterAddress+"......")
          // 获取master终端引用
      val masterEndPoint=rpcEnv.setupEndPointRef(masterAddress,Master.ENDPOINT_NAME)
          // 注册信息
          registerWithMaster(masterEndPoint)
        }catch{...}
    ...
}
```

在上述代码中，可以看到是遍历 masterRpcAddress，一个 Worker 向每个 Master 都发送一条注册信息请求，但这个请求并不是马上执行，而是放在线程池中。registerWithMaster 方法则用于对注册请求进行处理，以下是 registerWithMaster 方法部分代码：

```
private def registerWithMaster(masterEndPoint: RpcEndpointRef): Unit={
    // 根据Master终端引用，发送注册信息
  masterEndpoint.ask[RegisterWorkerResponse](RegisterWorker(workerId,host,port,
    self,cores,memory,workerWebUiUrl))
    .onComplete{
    //RegisterWorker 处理之后会有两种结果，一种是Success,另一种是Failure。根据结果，
      进行不同的后续处理。
    case Success(msg)=>Utils.tryLogNonFatalError{handleRegisterResponse(msg)}
    case Failure(e)=>logError(s"Cannot register with master:
                          ${masterEndpoint.address}",e)
    System.exit(1)    // 退出
  }(ThreadUtils.sameThread)
}
```

### 2. Master 节点处理来自 Worker 节点的注册请求

Master 收到消息后，需要对 Worker 发送的信息进行验证、记录。如果注册成功，则发送 RegisterWorker 消息给对应的 Worker。Worker 接收到成功信息，则定期发送心跳信息给 Master；如果注册失败，则会发送 RegisterWorkerFailed 消息，Worker 打印出错日志并结束 Worker 启动。RegisterWorker 代码如下：

```
case RegisterWorker(id,workerHost,workerPort,workerRef,cores,memory,
workerWebUiUrl)=>{
if(state==RecoveryState.STANDBY){
    // 如果master处于standby状态，返回"Master处于StandBy状态"信息
    context.reply(MasterInStandby)
}else if(idWorker.coontains(id)){
    // 如果列表中已经存在该worker信息，则返回RegisterWorkerFailed信息
```

```
        context.reply(RegisterWorkerFailed("Duplicate worker ID"))
    }else{
        val worker=new WorkerInfo(id,workerHost,workerPort,cores,memory,
        workerRef,workerWebUiUrl)
        //registerWorker(worker)用于将worker放到列表中
        if(registerWorker(worker)){
        //放入列表成功
        persistenceEngine.addWorker(worker)
        context.reply(RegisteredWorker(self,masterWebUiUrl))//心跳发送
        schedule()
    }else{
        //放入列表失败
        val workerAddress=worker.endpoint.address
        context.reply(RegisterWorkerFailed("Attempted to re-register worker
        at same address: "+ workerAddress))
        }
    }
}
```

3. Worker 节点注册成功后的心跳通信

当 Worker 节点接收到注册成功信息时，会进行两个操作：①记录日志并更新 Master 信息；②向 Master 发送 Worker 的各个 Executor 的最新状态信息，以及定时发送心跳信息。心跳时间可以通过 spark.worker.timeout 设置，这是 Worker "罢工" 时间间隔，即判断 Worker 存活的时间，而心跳时间则是该值的 1/4。

```
private val HEARTBEAT_MILLS=conf.getLong("spark.worker.timeout",60)* 1000/4
```

心跳发送 RegisteredWorker（self，masterWebUiUrl）的部分代码如下：

```
case RegisteredWorker(masterRef,masterWebUiUrl)=>{
    loginInfo("Successfully registered with master"+masterRef.address.
            toSparkURL)
    registered=true
    changeMaster(masterRef,masterWebUiUrl)      // 更新Worker所持有的Master信息
    //定时发送的心跳
    forworldMessageScheduler.scheduleAtFixedRate(new Runnable{
        override def run(): Unit=Utils.tryLogNonFataError{
            self.send(SendHearbeat)
        }
    },0,HEARTBEAT_MILLS,TimeUnit.MILLISECONDS)
        //如果设置清理以前应用使用的文件夹，就进入该逻辑
        if(CLEANUP_ENABLED){
          ...
        }
```

```
    // 获取Worker中各个Executor的最新状态
    val execs=executors.values.map{
       e=>new ExecutorDescription(e.appId,e.execId,e.cores,e.states=)
    }
    // 向Master汇报Worker中各个Executor的最新状态
    masterRef.send(WorkerLatesState(workerId,execs.toList,drivers.keys.
                 toSeq))
}
```

Spark的Worker启动消息通信过程总结如下：

Worker并发启动注册请求线程→对应的Master接收到请求→Master处理请求：若注册失败，返回RegisterMasterFailed提示信息；若注册成功，发送RegisteredMaster提示信息→Worker接收返回信息：若是RegisterMasterFailed信息，则结束线程；若是RegisteredMaster信息，则向Master发送Executors状态，以及定时发送心跳信息。

### 5.1.3 运行时消息通信

执行应用程序需要启动SparkContext，在SparkContext启动中，会先在DriverEndpoint中实例化SchedulerBackend对象（Standalone模式下，实例化的是SparkDeploySchedulerBackend对象），该对象继承DriverEndpoint和ClientEndpoint两个终端点，如图5-3所示。

#### 1. ClientEndpoint向MasterEndpoint注册Application

在Spark启动消息通信中提到过，所有终端点都有tryRegisterAllMasters()方法，用于向Master注册某些消息。ClientEndpoint的tryRegisterAllMasters()方法，则是用于向Master注册Application的消息。代码如下：

```
ptivate def tryRegisterAllMasters(): Array[JFuture[_]]={
    for(masterAddress <- masterRpcAddresses)yield{
    // 在线程池中启动注册线程，当线程读到的注册成功标识为true时，退出注册线程
       registerMasterThreadPool.submit(new Runnable{
          override def run(): Unit=try{
             // 判断注册成功标识
             if(registered){
                return
             }
             // 获取Master终端点的引用，用来发送注册应用信息
             val masterRef=rpcEnv.setupEndpointRef(Master.SYSTEM_NAME,
                             masterAddress,Master.ENDPOINT_NAME)
             // 向Master发送注册应用信息
             masterRef.send(RegisterApplication(appDescription,self))
          }catch{...}
       })
    }
}
```

第 5 章　Spark 核心原理

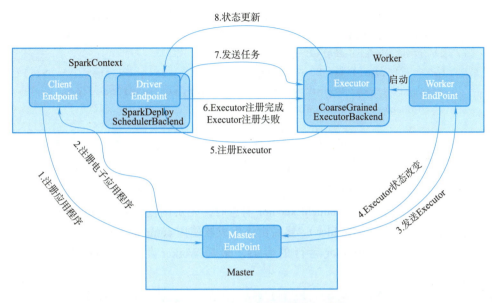

图 5-3　Spark 运行消息通信交互过程

### 2. MasterEndpoint 处理申请注册 Application 的消息

当 Master 接收到注册应用消息时，Master 在 registerApplication() 方法中做了两件事：①记录 application 信息，并加入应用列表中（FIFO 执行）；②注册完毕后，Master 发送 RegisteredApplication 消息给 ClientEndpoint，同时调用 startExecutorsOnWorkers() 方法，发送 LaunchExecutor 消息，通知 Worker 启动 Executor。

ClientEndpoint 收到 RegisteredApplication 消息时会更新相关状态：

```
case RegisteredApplication(appId_,masterRef)=>
    appId.set(appId_)
    registered.set(true)
    master=Some(masterRef)
    listener.connected(appId.get)
```

startExecutorsOnWorkers() 方法中，首先获取符合执行应用的 Worker 节点，然后遍历通知这些 Worker 节点启动相应的 Executor（可能是一个或多个）。代码如下：

```
private def startExecutorsOnWorkers(): Unit={
    //使用 FIFO 调度算法，先注册，先执行
    for(app <- waitingApps if app.coresLeft>0){
        val coresPerExecutor: Option[Int]=app.desc.coresPerExecutor
        //找出存活的、剩余内存大于等于启动 Executor 所需大小的、核数大于等于 1 的 worker
        val usableWorkers=workers.toArray.filter(_.state==WorkerState.ALIVE)
            .filter(worker=>worker.memoryFree>=app.desc.memoryPerExecutorMB
                && worker.coresFree>=coresPerExecutor.getOrElse(1))
            .sortBy(_.coresFree).reverse
        //确定应用运行在哪些 Worker 节点上，以及每个 Worker 节点分配用于运行的核数
        //分配算法有两种：①将应用运行在尽可能多的 Worker 上；②将应用运行在尽可能少的 Worker 上
```

```
        val assignedCores=scheduleExecutorsOnWorkers(app,usableWorkers,
            spreadOutApps)
    //通知分配的worker启动worker
    for(pos<-() until usableWorkers.length if assignedCores(pos)>()){
        allocateWorkerResourceToExecutors(app,assignedCores(pos),
        coresPerExecutor,usableWorkers(pos))
    }
  }
}
```

3. Worker 创建 CoarseGrainedExecutorBackend 对象，用于启动 Executor 进程

当 Worker 收到 Master 发送的 LaunchExecutor 消息时，先实例化 ExecutorRunner 对象，实例化过程中会创建进程生成器（ProcessBuilder），然后由该生成器使用 command 创建 CoarseGrained Executor Backend 对象，该对象就是 Executor 运行的容器，最后 Worker 发送 ExecutorStateChanged 消息给 Master。代码如下：

```
case LaunchExecutor(masterUrl,appId,execId,appDesc,cores_,memory_)=>
    if(masterUrl!=activeMasterUrl){
        logWarning("InvalidMaster("+masterUrl+")attempted to launch executor.")
    }else{
        try{
            //创建Executor执行目录
            val executorDir=new File(workDir,appId+"/"+execId)
            if(!executorDir.mkdirs()){
                throw new IOException("Failed to creata directory "+executorDir)
            }
            //通过SPARK_EXECUTOR_DIRS环境变量，在Worker中创建Executor执行目录，
            //当程序执行完毕后，由Worker进行删除
            val appLocalDirs=appDirectories.getOrElse(appId,Utils.
                getOrCreateLocalRootDirs(conf).map{ dir=>
                    val appDir=Utils.createDirectory(dir,namePrefix="executor")
                    Utils.chmod7()()(appDir)
                    appDir.getAbsolutePath()
                }.toSeq)
            appDirectories(appId)=appLocalDirs

            //在ExecutorRunner中创建CoarseGrainedExecutorBackend对象，
            //使用的是应用信息中的command,command则是在SchedulerBackend中创建的
            val manager=new ExecutorRunner(
                appId,
                execId,
                appDesc.copy(command=Worker.maybeUpdateSSLSettings
                    (appDesc.command,conf)),
```

```
            cores_,
            memory_,
            self,
            workerId,
            host,
            webUi.boundPort,
            publicAddress,
            sparkHome,
            executorDir,
            workerUri,
            conf,
            appLocalDirs,
            ExecutorState.RUNNING)
        executors(appId+"/"+execId)= manager
        manager.start()
        coresUsed+=cores_
        memoryUsed+=memory_

        // 向 Master 发送 ExecutorStateChanged 消息，表示 Executor 状态已经更改为
        //Executor.RUNNING
        sendToMaster(ExecutorStateChanged(appId,execId,manager.
                    state,None,None))
    }catch{...}
}
```

### 4. DriverEndpoint 处理 RegisterExecutor 消息

在第 3 点提到，CoarseGrainedExecutorBackend 对象是 Executor 的容器，该对象是在 ExecutorRunner 实例化时被创建，启动时，会向 DriverEndpoint 发送 RegisterExecutor 消息。Driver 接收到注册消息后，先判断需要注册的 Executor 是否已经被注册在列表当中，如果存在，则返回 RegisterExecutorFailed 消息返回 CoarseGrainedExecutorBackend；如果不存在，则 Driver 会记录该 Executor 信息，并发送 Registered Executor 消息。最后 Driver 分配任务所需资源，并发送 LaunchTask 消息。代码如下：

```
case RegisterExecutor(executorId,executorRef,hostPort,cores,logUrls)=>
    if(executorDataMap.contains(executorId)){
        // 判断列表是否已经存在该 executor
        executorRef.send(RegisterExecutorFailed("Duplicate executor ID:
                                                "+executorId))
        context.reply(true)
    }else{
        ...
        //1. 记录该 Executor 的编号，以及需要的核数
        addressToExecutorId(executorRef.address)=executorId
```

```
            totalCoreCount.addAndGet(cores)
            totalRegisteredExecutors.addAndGet(1)
            val data=new ExecutorData(executorRef,executorRef.address,host,cores,
                cores,logUrls)
            //2.创建Executor编号和其具体信息的键值列表
            CoarseGrainedSchedulerBackend.this.synchronized{
                executorDataMap.put(executorId,data)
                if(currentExecutorIdCounter < executorId.toInt){
                    currentExecutorIdCounter=executorId.toInt
                    //记录、更新当前executor数量
                }
                if(numPendingExecutors>()){
                    numPendingExecutors-= 1
                }
            }
            //3.向CoarseGrainedSchedulerBackend发送注册成功信息；
            executorRef.send(RegisteredExecutor(executorAddress.host))
            //4.并监听在总线中加入添加Executor事件
            listenerBus.post(SparkListenerExecutorAdded(System.currentTimeMillis(),
                executorId,data))
            //5.分配资源，并向Executor发送LaunchTask任务消息
            makeOffers()
        }
```

5. CoarseGrainedExecutorBackend 实例化 Executor 对象

当 CoarseGrainedExecutorBackend 收到来自 Driver 发过来的 RegisteredExecutor 消息时，就会实例化 Executor 对象。启动 Executor 完毕，就会定时向 Driver 发送心跳。由 3、4、5 步骤来看，Executor 并不是由 WorkerEndpoint 直接创建，而是 Worker 先创建 CoarseGrainedExecutor Backend 对象，然后 CoarseGrainedExecutorBackend 对象向 Driver 注册 Executor，注册成功后，才让 CoarseGrainedExecutorBackend 实例化 Executor 对象，最后 Executor 交给 Driver 管理。CoarseGrainedExecutorBackend 处理 RegisteredExecutor 消息的代码如下：

```
case RegisteredExecutor=>
    logInfo("Successfully registered with driver")
    //根据环境实例化（启动）Executor
    executor=new Executor(executorId,hostname,env,userClassPath,
                    isLocal=false)
```

Executor 发送心跳，等待 Driver 下发任务：

```
private val heartbeater=ThreadUtils.newDaemonSingleThreadScheduledExecutor
                ("driver-heartbeater")
private def startDriverHeartbeater(): Unit={
    val intevalMs=conf.getTimeAsMs("spark.executor.heartbeatInterval","10s")
```

```
    // 等待随机的时间间隔，这样，心跳在同步中不会结束
    val initialDelay=intervalMs +(math.random * intervalMs).asInstanceOf[Int]
    val heartbeatTask=new Runnable(){
        override def run(): Unit=Utils.logUncaughtExceptions(reportHeartBeat())
    }
    // 发送心跳
    heartbeater.scheduleAtFixedRate(heartbeatTask,initialDelay,intervalMs,
                TimeUnit.MILLISECONDS)
}
```

6. DriverEndpoint 向 Executor 发送 LaunchTask 消息

Executor 接收到 LaunchTask 消息之后，就会执行任务。执行任务时，会创建 TaskRunner 进程，放到 thredPool 中，统一由 Executor 进行调度。任务执行完成后，分别给 CoarseGrainedExecutorBackend 和 Driver 发送状态变更，然后继续等待任务分配（Driver 继续分配任务前，会先对执行结果进行处理）。代码如下：

```
case LaunchTask(data)=>
    if(executor==null){
        // 当 executor 没有实例化（启动），输出异常日志，并关闭 Executor
        logError("Received LaunchTask command but executor was null")
        System.exit(1)
    }else{
        val taskDesc=ser.desrialize[TaskDescription](data.value)
        logInfo("Got assigned task "+taskDesc.taskId)
        // 启动 TaskRunner 进程
        executor.launchTask(this,taskId=taskDesc.taskId,attemptNumber=taskDesc.
                    attemptNumber,taskDesc.name,taskDesc.serializedTask)
    }

// 启动 TaskRunner 进程的方法
def launchTask(context: ExecutorBackend,taskId: Long,attemptNumber: Int,
    taskName: String,serializedTask: ByteBuffer): Unit={
    // 创建当前 task 的 TaskRunner
    val tr=new TaskRunner(context,taskId=taskId,attemptNumber=attemptNumber,
        taskName,serializedTask)
    // 将当前 task 的 TaskRunner 放进 threadPool 里面，统一由 Executor 调度
    runningTasks.put(taskId,tr)
    threadPool.execute(tr)
}
```

7. Driver 进行 StatusUpdate

当 DriverEndpoint 接收到 Executor 发送过来的 StatusUpdate 消息后，调用 TaskSchedulerImpl 的 statusUpdate() 方法，根据不同 Executor 执行后的结果进行处理，处理完毕后，继续给 Executor 发送

LaunchTask 消息。代码如下：

```
case StatusUpdate(executorId,taskId,state,data)=>
   scheduler.statusUpdate(taskId,state,data.value)
                       //scheduler 是 TaskSchedulerImpl 的一个引用
   if(TaskState.isFinished(state)){
      executorDataMap.get(executorId)match{
         case Some(executorInfo)=>
            executorInfo.freeCores+=scheduler.CPUS_PER_TASK
            // 继续向刚才的 Executor 发送 LaunchTask 消息，同第 4 步,Driver 处理
               RegisterExecutor 消息时调用的是同一个方法
            makeOffers(executorId)
         case None =>
      }
   }
```

到这里，不断重复第 6、7 步操作，直到所有任务执行完毕。

## 5.2 Spark 任务执行原理

### 5.2.1 划分调度

Spark 调度阶段的划分是由 DAGScheduler 实现，DAGScheduler 会从最后一个 RDD 出发，根据 RDD 的 Lineage 使用广度优先算法遍历整个依赖树（总共使用了两次，一次是遍历区分 ResultStage 范围；另一次则是遍历获取 ShuffleMapStage 划分依据，用来划分每个 ShuffleMapStage 范围），从而划分调度阶段，调度阶段的划分依据是以是否进行 shuffle 操作进行的。

真正的 Stage 划分代码，是从 handleJobSubmitted() 方法中根据最后一个 RDD 实例化 ResultStage 对象开始。实例化过程中，finalRDD 使用 getParentStages 找出其依赖的祖先 RDD 是否存在 Shuffle 操作，如果没有存在 Shuffle 操作，则本次作业只有一个 ResultStage；如果存在 Shuffle 操作。则本次作业除了一个 ResultStage 之外，至少还有一个 ShuffleMapStage。handleJobSubmitted() 部分代码如下：

```
private[scheduler] def handleJobSubmitted(jobId: Int,finalRDD: RDD[_],func:
(TaskContext,Iterator[_])=> _,partitions: Array[Int],callSite: CallSite,
listener: JobListener,properties: Properties){
   // 定义一个 ResultStage 类型对象,用于存储 DAG 划分出来的最后一个 Stage
   val finalStage: ResultStage=null
   try{
      finalStage=new ResultStage(finalRDD,func,partitions,jobId,callSite)
   }catch{...}

   // 根据最后一个阶段生成作业
```

```
    val job=new ActiveJob(jobId,finalStage,callSite,listener,properties)
    clearCacheLocs()
    ...
    //提交作业
    submitStage(finalStage)
    submitWaitingStages()
}
```

上面代码在实例化 ResultStage 时，传入了一个 finalRDD，其实这个 finalRDD 会被传到 getParentStagesAndId 的方法中，在该方法中调用 getParentStages，生成最后一个调度阶段 finalStage（这里第一次使用广度优先算法）。

```
private def getParentStages(rdd: RDD[_],firstJobId: Int): List[Stage]={
    val parents=new HashSet[Stage]      //parents是一个元素类型为Stage的HashSet集合
    val visited=new HashSet[RDD[_]]     //用于存放已经访问过的RDD
    // 存放非 ShuffleDependency 的 RDD
    val waitingForVisit=new Stack[RDD[_]]
    // 广度优先遍历,根据当前所依赖的 RDD 类型,进行不同的操作
    def visit(r: RDD[_]){
        if(!visited(r)){
            visited+=r        // 将当前RDD标记为已访问,即存放到visited 的 HashSet 集合里面
            for(dep<-r.dependencies){
                // 当前RDD 所依赖的父 RDD 类型为 ShuffleDependency 时,需要向前遍历,
                // 获取 ShuffleMapStage
                case shufDep: ShuffleDependency[_,_,_]=>
                    parents+=getShuffleMapStage(shufDep,firstJobId)
                case _ =>
                    waitingForVisit.push(dep.rdd)
            }
        }
    }

    waitingFoVisit.push(rdd)
    // 开始遍历 Stack 中的 rdd
    while(waitingForVisit.nonEmpty){
        visit(waitingForVisit.pop())
    }
    parents.toList      // 返回 parents
}
```

上面的代码显示，如果当前遍历的 RDD，其所依赖的父 RDD 的类型是 ShuffleDependency 类型时，需要往前遍历，找出所有 ShuffleMapStage（或者说找出所有划分 ShuffleMapStage 的依据 RDD），该算法也是利用到了广度优先遍历算法，同 getParentStage 类似，具体由 getAncestorShuffleDependencies() 方

法实现。getAncestorShuffleDependencies() 部分代码如下：

```
private def getAncestorShuffleDependencies(rdd: RDD[_]):
    Stack[ShuffleDependency[_,_,_]]={
    val parents=new Stack[ShuffleDependency[_,_,_]]
    val visited=new HashSet[RDD[_]]
    // 用于存放非 ShuffleDependency 类型的 RDD
    val waitingForVisit=new Stack[RDD[_]]
    def visit(r: RDD[_]){
        if(!visited(r)){
            visited +=r    // 标记当前 rdd 已经被访问过，即加入 visited 中
            for(dep <-r.dependencies){
                case shufDep: ShuffleDependency[_,_,_]=>
                    if(!shuffleToMapStage.contains(shufDep.shuffleId)){
                        parents.push(shufDep)    //shuffle 依据放进 Stack 中
                    }
                case _ =>    // 不操作
            }
        }
    }

    // 向前遍历依赖树，获取所有的类型为 ShuffleDependency 的 RDD，作为划分阶段的依据
    waitingForVisit.push(rdd)
    while(waitingForVisit.nonEmpty){
        visit(waitingForVisit.pop())
    }
    parents       // 返回 parents
}
```

getAncestorShuffleDependencies() 方法只是找出了 ShuffleDependency 类型的 RDD，而这些 RDD 就是划分各个 ShuffleMapStage 的依据。

当所有阶段划分操作完成后，这些阶段就会建立起依赖关系。该依赖关系是通过调度阶段属性 parents：List[Stage] 来定义，通过该属性可以获取当前阶段所有祖先阶段，可以根据这些信息按顺序提交调度阶段运行。Spark 调度阶段的 Stage 划分如图 5-4 所示。

Spark 调度阶段 Stage 划分流程：

在 SparkContext 中触发提交作业时，会调用 DAGScheduler 的 handleJobSubmitted() 方法，在该方法中会先找到最后一个 RDD（即 RDD7），并调用 getParentStages() 方法。

在 getParentStages() 方法中判断 RDD7 所依赖的父 RDD 是否存在 Shuffle 操作，前面图 RDD6 属于 ShuffleDependency 类型，则对 RDD6 进行下一步操作。

通过 getAncestorShuffleDependencies() 方法，对 RDD6 进行向前遍历，寻找所有的划分依据，向前遍历，发现只有 RDD4，所以 RDD3 → RDD4 被划分成一个 ShuffleMapStage()，RDD5 → RDD6 被划分成 ShuffleMapStage1。

最后，剩下的生成 ResultStage2，一共 3 个阶段，在提交阶段按顺序运行。

第 5 章 Spark 核心原理

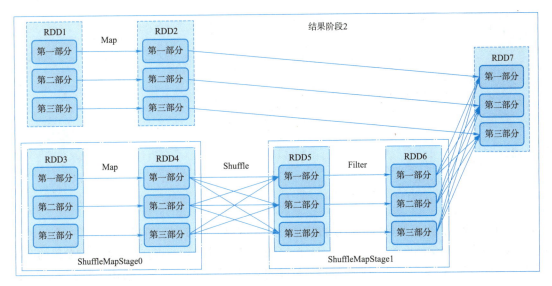

图 5-4　Spark 调度阶段 Stage 划分

## 5.2.2　提交调度

在 5.2.1 划分调度阶段中的 handleJobSubmitted() 方法中，提到 finalStage 的生成，在生成 finalStage 的同时，建立起所有 Stage 的依赖关系，然后通过 finalStage 生成一个作业实例，在该作业实例中按照顺序提交调度阶段进行执行，在执行过程中监听总线获取作业、阶段执行情况。

作业的提交阶段从 submitStage() 方法开始，在 submitStage() 方法中调用 getMissingParentStages() 获取 finalStage 的父调度阶段。如果不存在父调度阶段，则使用 submitMissingTasks() 方法提交执行；如果存在，则把父调度阶段放进 waitingStages 列表中，通过递归的方式调用 submitStage() 方法。通过这样的逻辑，就可以根据 stage 的依赖关系，从最前面的 stage 开始执行作业，一直到最后一个。submitStage() 方法部分代码如下：

```
private def submitStage(stage: Stage){
    val jobId=activeJobForStage(stage)
    if(jobId.isDefined){
        logDebug("submitStage("+stage+")")
        if(!waitingStages(stage)&& !runningStages(stage)&& !failedStages
        (stage)){
            //获取父调度阶段，但并不是通过调度阶段的依赖关系，而是通过Stage的判断依据来获取
            //父调度阶段
            val missing=getMissingParentStages(stage).sortBy(_.id)
            if(missing.isEmpty){
                //如果不存在父调度阶段，调用submitMissingTasks()提交
                logInfo("Submitting "+stage+"("+stage.rdd+"),which has no
                    missing parents")
                submitMissingTasks(stage,jobId.get)
            }else{
                //如果存在父调度阶段，将当前阶段放进等待列表，同时递归调用submitStage()方法，
```

```
                // 直至找到最前面的没有父调度阶段的 Stage
                for(parent <- missing){
                    submitStage(parent)
                }
                waitingStages+=stage
            }
        }
    }else{
        abortStage(stage,"No active job for stage "+stage.id,None)
    }
}
```

鉴于递归的逻辑，当最开始的调度阶段完成后，相继提交后续调度阶段，但注意一个问题，调度当前阶段时，必须依赖父调度阶段的状态。显然，父调度阶段的成功与否直接影响后续阶段的调度，所以，在调度后续阶段前，先判断当前调度阶段所依赖的父调度阶段的结果是否可用（即运行是否成功）。如果可用，则提交当前调度阶段；如果不可用，则尝试提交结果不可用的父调度阶段。至于何时进行是否可用判断，这个工作是在 ShuffleMapTask 完成时（即已经交给 Executor 执行了）进行，检查调度阶段的所有任务是否都完成：如果执行失败，则重新提交该阶段；如果所有任务成功，则扫描等待调度阶段列表，检查列表中的阶段的父调度阶段是否存在未完成情况，如果存在，则表明该调度阶段准备就绪，生成实例并提交运行。图 5-5 所示为提交调度阶段流运行顺序。

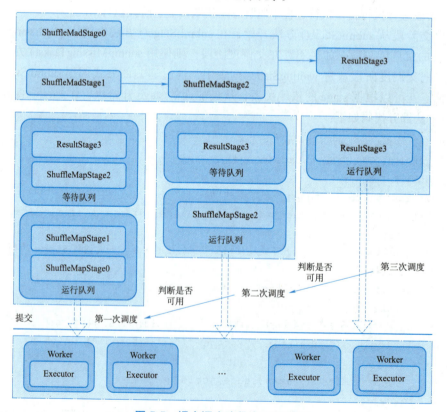

图 5-5　提交调度阶段流运行顺序

在 submitStage() 方法中，先创建作业实例，然后判断该调度阶段是否存在父调度阶段。由于 ResultStage3 有两个父调度阶段 ShuffleMapStage0 和 ShuffleMapStage2，所以 ResultStage3 会先放进 waitingStages 中。

然后递归调用 submitStage，发现 ShuffleMapStage0 没有父调度阶段，而 ShuffleMapStage2 有一个父调度阶段 ShuffleMapStage1，所以 ShuffleMapStage2 会被放进 waitingStages 中。再之，ShuffleMapStage1 也没有父调度阶段，则 ShuffleMapStage0 和 ShuffleMapStage1 会被放到执行列表中，作为第一次调度使用 submitMissingTasks() 方法提交运行。

Executor 执行完成时会发送消息，通知 DAGScheduler 更新状态，并检查运行情况，如果发现有任务执行失败，则重新提交调度阶段；如果所有任务执行成功，则继续提交下一次调度阶段。这里进入第二次调度阶段，首先扫描等待队列的 stage 是否有父调度阶段没有完成，显然 ResultStage3 还有 ShuffleMapStage2 没有完成，所以 ResultStage3 继续放在等待队列。ShuffleMapStage2 则没有父调度阶段，可以放在运行队列中，作为第二次调度提交。

此时，ShuffleMapStage2 执行完毕，ResultStage3 已经没有父调度阶段，可以作为第三次调度提交。

### 5.2.3 提交任务

首先熟悉一下提交任务阶段的一些重要方法的调用关系图，如图 5-6 所示。

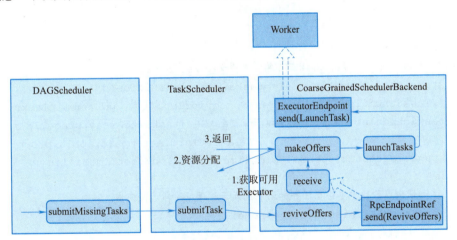

图 5-6 方法调用关系

在 5.2.2 节提交调度阶段中提到，当该阶段不存在父调度阶段时，就会调用 DAGScheduler 的 submitMissingTasks() 方法。这个方法就是触发任务的提交，会根据调度阶段 Partition（分区）个数拆分对应个数的任务，一个 Partition 对应一个 Task（任务），每一个 Stage（阶段）里所有任务组成一个 TaskSet，将会被提交到 TaskScheduler 进行处理。对于 ResultStage，生成 ResultTask；对于 ShuffleMapStage，生成 ShuffleMapTask。DAGScheduler 的 submitMissingTasks() 方法的部分代码如下：

```
private def submitMissingTasks(stage: Stage,jobId: Int){
    ...
    //生成TaskSet对象
    val tasks: Sqg[Task[_]]=try{
        stage match{
```

```
            // 对于ShuffleMapStage, 生成ShuffleMapTask
            case stage: ShuffleMapStage=>
                partitionsToCompute.map{id=>
                    val locs=taskIdToLocations(id)
                    val part=stage.rdd.partitions(id)
                    new ShuffleMapTask(stage.id,stage.latesInfo.attemptId,
                        taskBinary,part,locs,stage.internalAccumulators)
                }
            // 对于ResultStage, 生成ResultTask
            case stage: ResultStage=>
                val job=stage.resultOfJob.get
                partitionsToCompute.map{id=>
                    val p: Int=job.partitions(id)
                    val part=stage.rdd.partitions(p)
                    val locs=taskIdToLocations(id)
                    new ResultTask(stage.id,stage.latesInfo.attemptId,taskBinary,
                        part,locs,stage.internalAccumulators)
                }
        }
    }catch{...}
    if(tasks.size > ()){
        // 将tasks以任务集TaskSet的方式提交给TaskScheduler
        stage.pendingPartitions++=tasks.map(_.partitionId)
        //TaskScheduler引用(指向TaskSchedulerImpl实例)调用submitTasks()方法
        taskScheduler.submitTasks(new TaskSet(tasks.toArray,stage.id,stage.
                                    latestInfo.attemptId,jobId,properties))
        stage.lastestInfo.submissionTime=Some(clock.getTimeMillis())
    }else{
        // 如果调度阶段中不存在任务标记,则表示该调度阶段已经完成
        markStageAsFinished(stage,None)
        ...
    }
}
```

在submitMissingTasks()中, 做了两件事:

①根据Stage的不同, 分别生成ShuffleMapTask和ResultTask。

②将生成的Tasks以TaskSet的形式发送给TaskScheduler进行处理。

进入TaskScheduler的submitTasks()方法(具体由TaskSchedulerImpl实现)中, 构建一个TaskSetManager实例, 用于管理整个TaskSet的生命周期, 而该TaskSetManager会被放到系统的调度池中, 根据系统设置的调度算法进行调度。TaskSchedulerImpl.submitTasks方法的部分代码如下:

```
override def submitTasks(taskSet: TaskSet){
    val tasks=taskSet.tasks
    this.synchronized{
```

# 第 5 章 Spark 核心原理

```
    // 创建 TaskSetManager 实例，使用了同步限制
    val manager=createTaskSetManager(taskSet,maxTaskFailures)
    val stage=taskSet.stageId
    val stageTaskSets=taskSetByStageIdAndAttempt.getOrElseUpdate(stage,
        new HashMap[Int,TaskSetManager])
    stageTaskSets(taskSet.stageAttemptId)=manager
}
val conflictingTaskSet=stageTaskSets.exists{case(_,ts)=>
    ts.taskSet!=taskSet && !ts.isZombie
}
// 将 TaskSetManager 放进调度池中，由系统统一调配，因为 TaskSetManager 属于应用级别，
// 所以支持两种调度机制：FIFO 和 FAIR
schedulableBuilder.addTaskSetManager(manager,manager.taskSet.properties)
...
// 调用调度器后台进程 SparkDeploSchedulerBackend 的 reviveOffers() 方法，
// 进行资源分配的一些操作
//SparkDeploSchedulerBackend 是 DriverEndpoint 的进程
backend.reviveOffers()
}
```

SparkDeploySchedulerBackend 的 reviveOffers() 方法继承于 CoarseGrainedSchedulerBackend，该方法会向 DriverEndpoint 终端点发送消息，调用 CoarseGrainedSchedulerBackend 的 makeOffers() 方法。在 makeOffers() 方法中做了三件事：

① 获取收集集群中可用的 Executor。
② 将 Executor 发送给 TaskScheduler，进行资源的分配。
③ 等待资源分配完成，提交到 launchTasks() 方法中。

CoarseGrainedSchedulerBackend 的 makeOffers() 的部分代码如下：

```
private def makeOffers(){
    // 收集集群中可用的 Executor
    val activeExecutors=executorDataMap.filterKeys(!executorsPendingToRemove.
        contains())
    val workOffers=activeExecutors.map{case(id,executorData)=>
        new WorkerOffer(id,executorData.executorHost,executorData.freeCores)
    }.toSeq

    // 调用 resourceOffers，对资源进行分配，并将返回值提交给 launchTasks
    launchTasks(scheduler.resourceOffers(workOffers))
}
```

TaskSchedulerImpl 的 resourceOffers() 方法有一个很重要的步骤——资源分配，分配过程中，会根据调度策略对 TaskSetManger 进行排序，然后依次对这些 TaskSetManger 按照就近原则分配资源，顺序依次为：PROCESS_LOCAL、NODE_LOCAL、NO_PREF、PACK_LOCAL 和 ANY。resourceOffers 部

分代码如下:

```
def resourceOffers(offers: Seq[WorkerOffer]): Seq[Seq[TaskDescripetion]]=
    synchronized{
        // 标记变量，用于标记是否有新的Executor加入
        var newExecAvail=false
        // 记录传入的Executor信息
        for(o<-offers){
            executorIdToHost(o.executorId)= o.host
            executorIdToTaskCount.getOrElseUpdate(o.executorId,())
            if(!executorsByHost.contains(o.host)){
                executorsByHost(o.host)=new HashSet[String]()
                executorAdded(o.executorId,o.host)
                newExecAvail=true
            }
        }
        for(rack<-getRackForHost(o.host)){
            hostsByRack.getOrElseUpdate(rack,new HashSet[String]())+=o.host
        }
        // 将任务随机分配Executor
        val shuffledOffers=Random.shuffle(offers)

        // 用于存储已经分配好资源的任务
        val tasks=shuffledOffers.map(o=>new ArrayBuffer[TaskDescription](o.cores))
        val availableCpus=shuffledOffers.map(o=>o.cores).toArray

        // 获取按照调度策略排序好的TaskSetManager
        val sortedTaskSets=rootPool.getSortedTaskSetQueue       // 使用调度排序算法
        // 如果有新加入的Executor,需要重新计算数据本地性
        for(taskSet<-sortedTaskSets){
            if(newExecAvail){
                taskSet.executorAdded()
            }
        }

        // 为排好的TaskSetManager列表进行资源分配，分配原则：就近原则
        val launchedTask=false
        for(taskSet<-sortedTaskSets;maxLocality<-taskSet.myLocalityLevels){
            do{
                launchedTask=resourceOfferSingleTaskSet(taskSet,maxLocality,
                                    shuffledOffers,availableCpus,tasks)
            }while(launchedTask)
        }
        if(tasks.size>()){
```

```
        hasLaunchedTask=true
    }
    // 返回
    return tasks
}
```

最后，CoarseGrainedSchedulerBackend 的 launchTasks() 方法将任务一个个发送到 Worker 节点上的 CoarseGrainedExecutorBackend，通过 Executor 来执行任务。提交调度阶段中任务的运行顺序如图 5-7 所示。

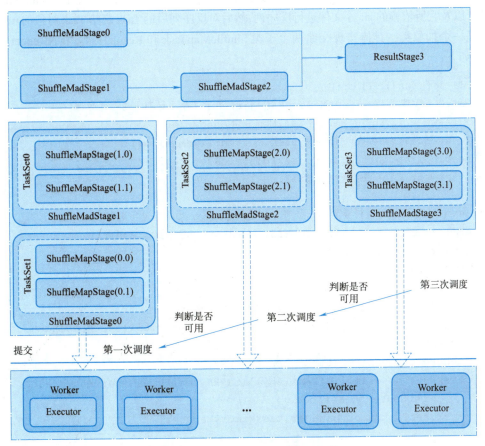

图 5-7  提交调度阶段任务运行顺序

① 第一次调度的是 ShuffleMapStage0 和 ShuffleMapStage1，调度阶段发生在 DAGScheduler 的 submitMissingTasks() 方法中，根据 Partition（分区）个数拆分任务。假设每个 Stage（阶段）都有两个 Partition，那么 ShuffleMapStage0 的 TaskSet0 可以表示为：ShuffleMapStage（0,0）和 ShuffleMapStage（0,1）的集合，ShuffleMapStage1 同理。

② TaskScheduler 收到两个任务集 TaskSet0 和 TaskSet1，在 submitTasks 中，分别创建 TaskSetManager0 和 TaskManager1，对任务集进行管理，并将 TaskSetManager 放进系统的调度池中。

③ TaskScheduler 的 resourceOffers 对任务进行资源分配，到该步骤每个任务均分配到运行代码、数据分片和资源等，借助 launchTasks() 方法将任务分发到 Worker 节点去执行。

④第一次调度执行完毕，依次到了 ShuffleMapStage2 和 ResultStage3，步骤跟上面三步一样，不同的是，ResultStage3 生成的任务类型是 ResultTask。

### 5.2.4 执行任务

Executor 是任务执行的容器，Executor 接收到 LaunchTask 消息之后（其实是 GoraseGrainedExecutorBackend 接收到来自 DriverEndpoint 的 LaunchTask 消息后，调用 Executor 的 launchTasks() 方法），就会执行任务。执行任务时，会创建 TaskRunner 进程，放到 thredPool 中，统一由 Executor 进行调度。

TaskRunner 有一个 run() 方法，方法里主要做的是：对发送过来的 Task 本身（ShuffleMapTask 和 ResultTask），以及它所依赖的 jar 等文件进行反序列，然后对反序列后的 Task 交给 Task 对象的 run() 方法。由于 Task 是一个抽象类，具体实现交给两个子类 ShuffleMapTask 和 ResultTask。TaskRunner.run() 方法的部分代码如下：

```
override def run(): Unit={
    //生成内存管理实例——taskMemoryManager，用于任务运行期间内存的管理
    val taskMemoryManager=new TaskMemoryManager(env.memoryManager,taskId)
    val deserializeStartTime=System.currentTimeMillis()
    Thread.currentThread.setContextClassLoader(replClassLoader)
    val ser=env.closureSerializer.newInastance()

    //向Driver终端发送任务运行开始消息，通知Driver对状态进行更新
    execBackend.statusUpdate(taskId,TaskState.RUNNING,EMPTY_BYTE_BUFFER)
    var taskStart: Long=()
    startGCTime=computeTotalGcTime()
    try{
        //对任务运行时所需要的文件、jar、代码等进行反序列
        val(taskFiles,taskJars,taskBytes)=Task.deserializeWithDependencies
            (serializedTask)
        updateDependencies(taskFiles,taskJars)
        task=ser.deserialize[Task[Any]](taskBytes,Thread.currentThread.
            getContextClassLoader)
        task.setTaskMemoryManager(taskMemoryManager)

        //如果任务在反序列之前被kill掉，则抛出异常
        if(killed){
            throw new TaskKilledException
        }
        env.mapOutputTracker.updateEpoch(task.epoch)
        //调用Task的runTask()方法，由于Task是一个抽象类，所以具体实现交给它的子类
        //——ShuffleMapTask和ResultTask
        taskStart=System.currentTimeMillis()
        var threwException=true
        val value=try{
```

```
        val res=task.run(
            taskAttemptId=taskId,
            attemptNumber=attemptNumber,
            metricsSystem=env.metricsSystem)
          res
        }finally{...}
        ...
    }
}
```

不同的 Task 实体类,在处理计算结果的方式上会有所区别。对于 ShuffleMapTask,计算结果会写到 BlockManager 之中,最终返回给 DAGScheduler 的是一个 MapStatus 对象。该对象管理了 ShuffleMapTask 的相关存储信息,这些存储信息并不是计算结果本身,而是运算结果到 BlockManager 的相关联系,这些存储信息将会成为下一阶段的任务需要获得的输入数据时的依据。ShuffleMapTask.runTask 部分代码如下:

```
override def runTask(context: TaskContext): MapStatus={
    val deserializeStartTime=System.currentTimeMills()
    //反序列化获取 RDD 和 RDD 的依赖
    val ser=SparkEnv.get.closureSerializer.newInastance()

    val(rdd,dep)=ser.derialize[(RDD[_],ShuffleDependency[_,_,_])](
        ByteBuffer.wrap(taskBinary.value),Thread.currentThread.
                getContextClassLoader)
    _executorDeserializeTime=System.currentTimeMillis()- deserializeStartTime
    metrics=Some(context.taskMetrics)
    var writer: ShuffleWriter[Any,Any]=null
    try{
        val manager=SparkEnv.get.ShuffleManager
        writer=manager.getWriter[Any,Any](dep.shuffleHandle,partitionId,context)
        //首先调用 rdd.iterator,如果 RDD 已经 Cache(缓存)或者 Checkpoint,
        //则直接读取结果;否则计算
        writer.write(rdd.iterator(partition,context).asInstanceOf[Iterator[_<:
                        Product2[Any,Any]]])
        //关闭 writer,返回结果,包含数据的 location 和 size 等元数据信息
        writer.stop(success=true).get
    }catch{...}
}
```

对于 ResultTask,它的计算结果以 func() 函数的形式返回。ResultTask.runTask 部分代码如下:

```
override def runTask(context: TaskContext): U={
    //反序列化广播变量,得到 RDD
    val deserializeStartTime=System.currentTimeMillis()
```

```
    val ser=SparkEnv.get.closureSerializer.newInstance()
    val(rdd,func)=ser.deserialize[(RDD[T].(TaskContext,Iterator[T])=>U)](
        ByteBuffer.wrap(taskBinary.value),Thread.currentThread.
                    getContextClassLoader)
    _executorDeserializeTime=System.currentTimeMillis()-deserialiZeStartTime
    metrics=Some(context.taskMetrics)
    //返回
    func(context,rdd.iterator(partition,context))
}
```

### 5.2.5 获取执行结果

对于 Executor 的计算结果，会根据结果的大小使用不同的处理策略，如图 5-8 所示。

图 5-8　结果处理策略

①计算结果在（0，128 MB-200 KB）区间内：通过 Netty 直接发送给 Driver 终端。

②计算结果在 [128MB，1GB] 区间内：将结果以 taskId 为编号存入到 BlockManager 中，然后通过 Netty 把编号发送给 Driver 终端；阈值可通过 Netty 框架传输参数设置 spark.akka.frameSize，默认值是 128 MB，200 KB 是 Netty 预留空间 reservedSizeBytes 的值。

③计算结果在（1 GB，∞）区间内：直接丢弃，可通过 spark.driver.maxResultSize 配置。

任务执行完成之后，TaskRunner 将任务的执行结果发送给 DriverEndpoint，DriverEndpoint 接收到信息后，交给 TaskSchedulerImpl 的 statusUpdate() 方法进行处理，该方法根据不同的任务状态有不同的结果获取策略：

①如果状态类型是 TaskState.FINISHED，则进一步调用 TaskResultGetter 的 enqueueSuccessfulTask() 方法。enqueueSuccessfulTask 会判断类型，如果是 IndirectTaskResult，则需要通过 blockid 远程来获取结果（sparkEnv.blockManager.getRemoteBytes（blockId））；如果是 DirectTaskResult，则无须远程获取结果。

②如果状态类型是 TaskState.FAILED、TaskState.KILLED 或 TaskState.LOST，则调用 TaskResultGetter 的 enqueueFailedTask。特别地，对于 TaskState.LOST，还需要将其所在的 Executor 标记为 failed，并根据更新后的 Executor 重新调度。

TaskSchedulerImpl 的 handlerSuccessfulTask() 方法中连续调用，如图 5-9 所示，最终调用 DAGScheduler 的 handlerTaskCompletion() 方法。

如果任务是 ShuffleMapTask，则需要将结果通过某种机制告诉下游调度阶段。事实上，对于 ShuffleMapTask，其结果是一个 MapStatus 对象，序列化之后存入 DirectTaskResult 或者 IndirectTaskResult 中。而 DAGScheduler 的 handleTaskCompletion() 方法获取这个结果，并把 MapStatus 注册到

MapOutputTrackerMaster 中。

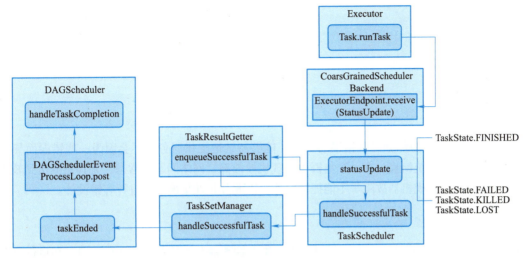

图 5-9  任务运行类调用关系

```
case smt: ShuffleMapTask=>
    val shuffleStage=stage.asInstanceOf[ShuffleMapStage]
    updateAccumulators(event)
    ...
    mapOutputTracker.registerMapOutputs(
        shuffleStage.shuffleDep.shuffleId,
        shuffleStage.outputLocs.map(list=>if(list.isEmpty)null else list.head),
        changeEpoch=true)
```

对于 ResultTask，判断作业是否完成，如果完成，则标记该作业完成，清除作业依赖，并发送消息给系统监听总线，告知作业执行完毕。

```
case rt: ResultTask[_,_]=>
    val resultStage=stage.asInstanceOf[ResultStage]
    resultStage.resultOfJob match{
        case Some(job)=>
            if(!job.finished(rt.outputId)){
                updateAccumulators(event)
                job.finished(rt.outputId)= true
                job.numFinished+=1
                if(job.numFinished==job.numPartitions){
                    // 标记改作业完成
                    markStageAsFinished(resultStage)
                    // 清除依赖资源
                    cleanupStateForJobAndIndepentStates(job)
                    // 发送消息给系统监听总线，告知作业执行完毕
                    listenerBus.post(SparkListenerJobEnd(job.jobId,clock.
```

137

# Spark 大数据分析

```
                                getTimeMillis(),JobSucceeded))
        }
      }
    }
```

## 5.3 容错

容错就是一个系统的部分出现错误的情况还能够持续地提供服务，不会因为一些错误而导致系统性能严重下降或出现系统瘫痪。在一个集群中出现机器故障、网络问题等常态，尤其集群达到较大规模后，很可能较频繁地出现机器故障等不能提供服务，因此分布性集群需要进行容错设计。

### 5.3.1 Executor 异常

Spark 支持多种运行模式，这些运行模式中的集群管理器会为任务分配运行资源，在运行资源中启动 Executor，由 Executor 负责执行任务的运行，最终把任务运行状态发送给 Driver。下面以独立运行模式分析 Executor 出现异常的情况，其运行结构如图 5-10 所示。其中虚线为正常运行中进行消息通信线路，实线为异常处理步骤。

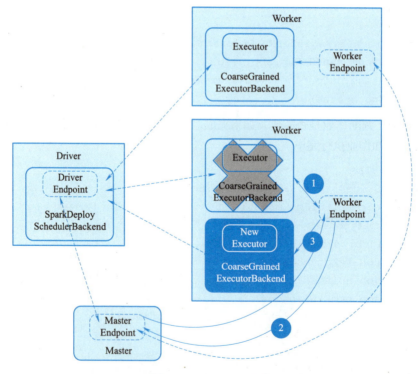

图 5-10 Executor 异常

① Executor 的启动过程，在集群中由 Master 给应用程序分配运行资源后，在 Worker 中启动 ExecutorRunner，而 ExecutorRunner 根据当前的运行模式启动 CoarseGrainedExecutorBackend 进

程，该进程会向 Driver 发送注册 Executor 信息，如果注册成功，则 CoarseGrainedExecutorBackend 在其内部启动 Executor。Executor 由 ExecutorRunner 进行管理，当 Executor 出现异常（如所运行容器 CoarseGrainedExecutorBackend 进程异常退出等）时，由 ExecutorRunner 捕获该异常并发送 ExecutorStateChanged 消息给 Worker。

② Worker 接收到 ExecutorStateChanged 消息时，在 Worker 的 handleExecutorStateChanged() 方法中，根据 Executor 状态进行信息更新，同时把 Executor 状态信息转发给 Master。

③ Master 接收到 Executor 状态变化消息后，如果发现 Executor 出现异常退出，则调用 Master.schedule() 方法，尝试获取可用的 Worker 节点并启动 Executor，而这个 Worker 很可能不是失败之前运行 Executor 的 Worker 节点。该尝试系统会进行 10 次，如果超过 10 次，则标记该应用运行失败并在集群中移除该应用。这种限定失败次数是为了避免提交的应用程序存在 Bug 而反复提交，进而一直挤占集群的资源。

## 5.3.2 Worker 异常

Spark 独立运行模式采用的是 Master/Slave 的结构，其中 Slave 是由 Worker 来担任的，在运行时会发送心跳给 Master，让 Master 知道 Worker 的实时状态。另一方面，Master 也会检测注册的 Worker 是否超时，因为在集群运行过程中，可能由于机器宕机或者进程被杀死等原因造成 Worker 进程异常退出。图 5-11 所示为 Spark 集群处理 Worker 异常的处理流程示意图。

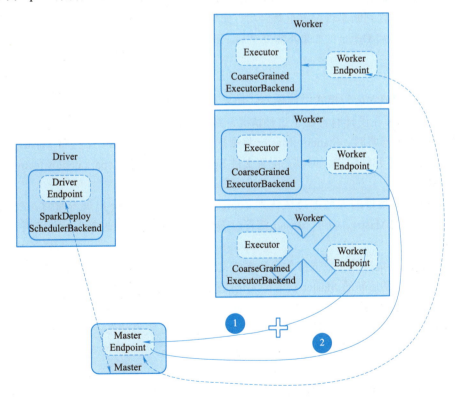

图 5-11 Spark 集群处理 Worker 异常流程图

①这里需要了解 Master 是如何感知到 Worker 超时的。在 Master 接收 Worker 心跳的同时，在其启

动方法 onStart() 中启动检测 Worker 超时的线程。代码如下：

```
override def onStart(): Unit={
    webUi=new MasterWebUI(this,webUiPort)
    webUi.bind()
    masterWebUiUrl="http: //"+masterPublicAddress+": "+webUi.boundPort
    checkForWorkerTimeOutTask=forwardMessageThread.scheduleAtFixedRate
                        (new Runnable{
        override def run(): Unit=Utils.tryLogNonFatalError{
            // 非自身发送消息 CheckForWorkTimeOut，调用 timeOutDeadWorkers() 方法进行检测
            self.send(CheckForWorkerTimeOut)
        }
    },(),WORKER_TIMEOUT_MS,TimeUnit.MILLISECONDS)
    ...
}
```

② 当 Worker 出现超时时，Master 调用 timeOutDeadWorkers() 方法进行处理，在处理时根据 Worker 运行的是 Executor 还是 Driver 分别进行处理。

- 如果是 Executor，Master 先把该 Worker 上运行的 Executor 发送消息 ExecutorUpdated 给对应的 Driver，告知 Executor 已经丢失，同时把这些 Executor 从其应用程序运行列表中删除。
- 如果是 Driver，则判断是否设置重新启动。如果需要，则调用 Master.schedule() 方法进行调度，分配合适节点重启 Driver；如果不需要重启，则删除该应用程序。

### 5.3.3　Master 异常

Master 作为 Spark 独立运行模式中的核心，如果 Master 出现异常，则整个集群的运行情况和资源将无法进行管理。Spark 在设计时考虑了这种情况，在集群运行时，Master 将启动一个或多个 Standby Master。当 Master 出现异常时，Standby Master 将根据一定规则确定其中一个接管 Master。在独立运行模式中，Spark 支持以下几种模式，可以在配置文件 Spark-env.sh 配置项 spark.deploy.recoveryMode 进行设置，默认为 NONE。

① ZOOKEEPER：集群的元数据持久化到 ZooKeeper 中，当 Master 出现异常时，ZooKeeper 会通过选举机制选举出新的 Master，新的 Master 接管时需要从 ZooKeeper 获取持久化信息并根据这些信息恢复集群状态。

② FILESYSTEM：集群的元数据持久化到本地文件系统中，当 Master 出现异常时，只要在该机器上重新启动 Master，启动后新的 Master 获取持久化信息并根据这些信息恢复集群状态。

③ CUSTOM：自定义恢复方式，对 StandaloneRecoveryModeFactory 抽象类进行实现并把该类配置到系统中，当 Master 出现异常时，会根据用户自定义的方式恢复集群状态。

④ NONE：不持久化集群的元数据，当 Master 出现异常时，新启动的 Master 不恢复集群状态，而是直接接管集群。

Spark 集群处理 Master 异常的流程如图 5-12 所示。

第 5 章 Spark 核心原理

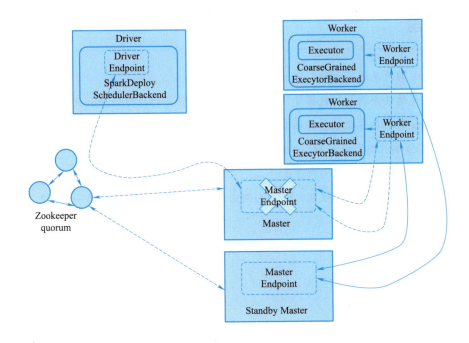

图 5-12 Spark 集群处理 Master 异常的流程

## 小 结

本章学习了 Spark 核心原理，包括消息通信原理、任务执行原理、容错与 HA 等内容。

首先，讨论了 Spark 的消息通信原理，包括 Driver 和 Executor 之间的通信和 Executor 之间的通信；解释了如何使用 Akka 框架来实现 Spark 的消息通信机制。

其次，介绍了 Spark 的任务执行原理，包括任务划分、任务调度和任务执行等；深入探讨了 Spark 的 RDD 编程模型和 DAG 调度算法。

最后，讨论了 Spark 的容错与 HA 机制，包括数据的备份和恢复、任务的重试和故障转移等；解释了 Spark 如何保证任务的可靠性和数据的一致性，以及如何应对各种故障情况。

通过学习本章，可掌握 Spark 的核心原理，包括消息通信原理、任务执行原理和容错与 HA 机制等。这些知识对于理解和优化 Spark 应用程序的性能非常有用，也是成为一名高级 Spark 开发者必不可少的知识。

## 习 题

1. 什么是 Spark 的消息通信机制？它是如何实现的？
2. 什么是 Spark 的任务调度和数据分区原理？如何保证任务的执行顺序和数据的一致性？
3. 什么是 Spark 的内存管理机制和磁盘存储机制？它们有什么优缺点？
4. Spark 的 RDD 编程模型和 DAG 调度算法分别是什么？它们有什么优缺点？
5. Spark SQL 的执行流程和优化原理是什么？它们如何提高 Spark SQL 的执行效率？
6. 什么是 Spark 的容错与 HA 机制？它们如何保证任务的可靠性和数据的一致性？

# 第 6 章

# Spark 存储原理

## 学习目标

理解 Spark 的数据存储方式和机制,包括内存存储、磁盘存储等。

## 素质目标

- 具备深入的理解能力,能够理解 Spark 的存储原理,包括内存存储、磁盘存储、分布式文件系统存储等。
- 具备严谨的逻辑分析力,能够使用 Spark 的数据存储方式和机制,对 Spark 的数据存储和访问进行深入分析和优化。
- 具备解决实际问题的能力,能够使用 Spark 对不同类型的数据进行处理和分析,能够应用 Spark 技术解决实际问题。

Spark 是目前最流行的大数据处理框架之一,它能够快速地处理大规模的数据,并且支持各种类型的数据处理操作。Spark 的成功离不开它的存储原理,存储是 Spark 中的一个关键环节,直接影响着 Spark 应用程序的性能和运行效率。

本章将介绍 Spark 的存储原理。首先,将介绍 Spark 的体系架构,包括 Spark 的组件和各组件之间的关系。其次,将讨论 Spark 的读/写数据过程,包括数据的存储和读取方式。然后,将介绍 Spark 中的 Shuffle 操作,包括 Shuffle 的写入和读取过程。最后,将介绍共享变量,包括广播变量和累加器等。

通过学习本章,读者可以深入了解 Spark 的存储原理,掌握 Spark 数据的存储和读取方式,了解 Shuffle 操作和共享变量等重要概念,这对于优化 Spark 应用程序的性能和运行效率非常有帮助。

## 6.1 存储分析

### 6.1.1 体系架构

**1. 存储体系架构**

Spark 的存储采用主从模式,即 Master/Slave 模式,整个存储模块使用了前面 2.3 节介绍的 RPC 的消息通信方式。其中，Master 负责整个应用程序运行期间的数据块元数据的管理和维护，而 Slave 一方面负责将本地数据块的状态信息上报给 Master，另一方面接受从 Master 传过来的执行命令，如获取数据块状态、删除 RDD/数据块等命令。在每个 Slave 存在数据传输通道，根据需要在 Slave 之间进行远程数据的读取和写入。

Spark 存储体系是各个 Driver 与 Executor 实例中的 BlockManager 所组成的；但是从一个整体来看，把各个节点的 BlockManager 看成存储体系的一部分，存储体系就有了更多衍生的内容，如块传输服务、Map 任务输出跟踪器、Shuffle 管理器等。图 6-1 所示为 Spark 存储体系架构。

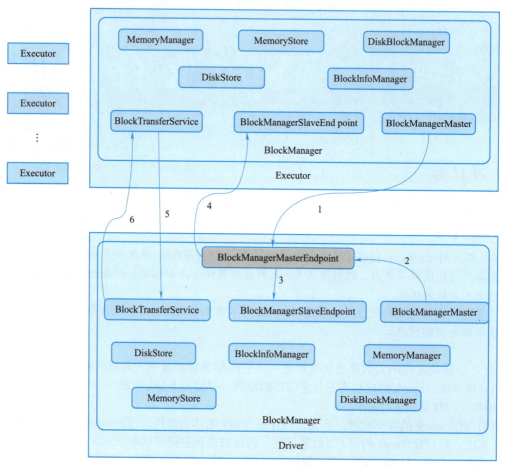

图 6-1　Spark 存储体系架构

如图 6-1 所示，BlockManager 依托于很多组件的服务，这些组件包括以下几项：

① BlockManagerMaster：代理 BlockManager 与 Driver 上的 BlockManagerMasterEndpoint 通信。记号 1 表示 Executor 节点上的 BlockManager 通过 BlockManagerMaster 与 BlockManagerMasterEndpoint 进行通信，记号 2 表示 Driver 节点上的 BlockManager 通过 BlockManagerMaster 与 BlockManagerMasterEndpoint 进行通信。这些通信的内容有很多，如注册 BlockManager、更新 Block 信息、获取 Block 的位置（即 Block 所在的 BlockManager）、删除 Executor 等。BlockManagerMaster 之所以能够和 BlockManagerMasterEndpoint 通信，是因为它持有了 BlockManagerMasterEndpoint 的 RpcEndpointRef

（Spark 中的一个抽象类）。

② BlockManagerMasterEndpoint：由 Driver 上的 SparkEnv（Spar 的执行环境对象）负责创建和注册到 Driver 的 RpcEnv 中。BlockManagerMasterEndpoint 只存在于 Driver 的 SparkEnv 中，Driver 或 Executor 上 BlockManagerMaster 的 driverEndpoint 属性将持有 BlockManagerMasterEndpoint 的 RpcEndpointRef。BlockManagerMasterEndpoint 主要对各个节点上的 BlockManager、BlockManager 与 Executor 的映射关系及 Block 位置信息（即 Block 所在的 BlockManager）等进行管理。

③ BlockManagerSlaveEndpoint：每个 Executor 或 Driver 的 SparkEnv 中都有属于自己的 BlockManagerSlaveEndpoint，分别由各自的 SparkEnv 负责创建和注册到各自的 RpcEnv 中。Driver 或 Executor 都存在各自的 BlockManagerSlaveEndpoint，并由各自 BlockManager 的 slaveEndpoint 属性持有各自 BlockManagerSlaveEndpoint 下发的命令。记号 3 表示 BlockManagerMasterEndpoint 向 Driver 节点上的 BlockManagerSlaveEndpoint 下发命令，记号 4 表示 BlockManagerMasterEndpoint 向 Executor 节点上的 BlockManagerSlaveEndpoint 下发命令。例如，删除 Block、获取 Block 状态、获取匹配的 BlockId 等。

④ MemoryManager：内存管理器，负责对单个节点上内存的分配与回收。

⑤ BlockTransferService：块传输服务。此组件也与 Shuffle 相关联，主要用于不同阶段的任务之间的 Block 数据的传输与读/写。

⑥ DiskBlockManager：磁盘块管理器，对磁盘上的文件及目录的读/写操作进行管理。

⑦ BlockInfoManager：块信息管理器，负责对 Block 的元数据及锁资源进行管理。

⑧ MemoryStore：内存存储，依赖于 MemoryManager，负责对 Block 的内存存储。

⑨ DiskStore：磁盘存储，依赖于 DiskBlockManager，负责 Block 的磁盘存储。

2. 基本概念

（1）BlockManager 的唯一标识 BlockManagerId

Driver 或者 Executor 中有任务执行的环境 SparkEnv，每个 SparkEnv 中都有 BlockManager，这些 BlockManager 位于不同的节点和实例上。BlockManager 之间需要通过 RpcEnv、ShuffleClient 及 BlockTransferService 相互通信，每个 BlockManager 都有其在 Spark 集群内的唯一标识 BlockManagerId。

Spark 通过 BlockManagerId 中的 host、port、executorId 等信息来区分 BlockManager。其属性如下：

① host_：主机域名或 IP。

② port_：此端口实际使用了 BlockManager 中的 BlockTransferService 对外服务的端口。

③ executorId_：当前 BlockManager 所在的实例 ID。如果实例是 Driver，那么 ID 为 Driver，否则由 Master 负责给各个 Executor 分配，ID 格式为 app- 日期格式字符串。

BlockManagerId 中的方法：

① executorId：返回 executorId_ 的值。

② hostPort：返回 host:port 格式的字符串。

③ host：返回 host_ 的值。

④ port：返回 port_ 的值。

⑤ topologyInfo：返回 topologyInfo_ 的值。

⑥ isDriver：当前 BlockManager 所在的实例是否是 Driver。

⑦ writeExternal：将 BlockManagerId 的所有信息序列化后写到外部二进制流中。

⑧ readExternal：从外部二进制流中读取 BlockManagerId 的所有信息。

（2）块的唯一标识 BlockId

在 Spark 的存储体系中，数据的读/写是以块为单位，每个 Block 都有唯一的标识，Spark 把这个标识抽象为 BlockId。

```
//org.apache.spark.storage.BlockId
@DeveloperApi
sealed abstract class BlockId{
  def name: String
  def asRDDId: Option[RDDBlockId]=if(isRDD)Some(asInstanceOf[RDDBlockId])else None
  def isRDD: Boolean=isInstanceOf[RDDBlockId]
  def isShuffle: Boolean=isInstanceOf[ShuffleBlockId]
  def isBroadcast: Boolean=isInstanceOf[BroadcastBlockId]
  override def toString: String=name
  override def hashCode: Int=name.hashCode
  override def equals(other: Any): Boolean=other match{
    case o: BlockId=>getClass==o.getClass && name.equals(o.name)
    case _=>false
  }
}
```

根据上述代码，BlockId 中定义了以下方法：

① name：Block 全局唯一的标识名。

② isRDD：当前 BlockId 是否是 RDDBlockId。

③ asRDDId：将当前 BlockId 转换为 RDDBlockId。如果当前 BlockId 是 RDDBlockId，则转换为 RDDBlockId，否则返回 None。

④ isShuffle：当前 BlockId 是否是 ShuffleBlockId。

⑤ isBroadcast：当前 BlockId 是否是 BroadcastBlockId。

（3）块信息 BlockInfo

BlockInfo 用于描述块元数据信息，包括存储级别、Block 类型、大小、锁信息等。

（4）存储级别 StorageLevel

Spark 的存储体系包括磁盘存储与内存存储，而 Spark 将内存又分为堆外内存和堆内内存。有些数据块本身支持序列化及反序列化，有些数据块还支持备份与复制。Spark 存储体系将以上这些数据块的不同特性抽象为存储级别 StorageLevel。

（5）BlockResult

BlockResult 用于封装从本地的 BlockManager 中获取的 Block 数据及与 Block 相关联的度量数据。

（6）BlockStatus

样例类 BlockStatus 用于封装 Block 的状态信息。

## 6.1.2 读数据过程

BlockManager 的 get() 方法是读数据的入口点，有本地读取和远程读取两个分叉口。本地读取使用 getLocalValues() 方法，根据存储级别的不同，使用 MemoryStore.getValues 或者 DiskStore.getBytes 读取数据。

远程读取使用 getRemoteValues() 方法，调用远程数据传输服务类 BlockTransferService 的 fetchBlockSync 获取数据。完整的数据读取过程如图 6-2 所示。

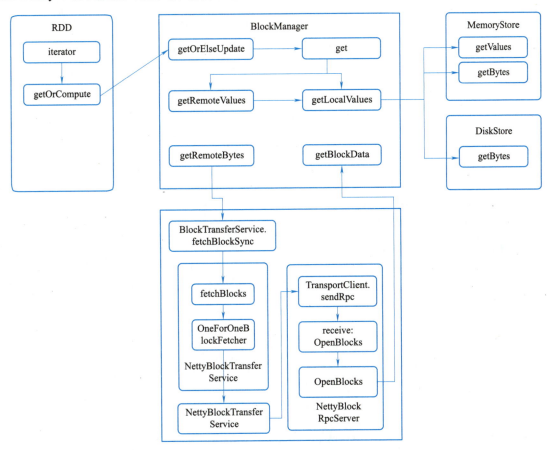

图 6-2　数据读取过程

1. 内存读取

根据缓存的数据是否反序列化，getLocalValues 读取内存中的数据方法不同，如果反序列化，则调用 MemoryStore 的 getValues() 方法，如果没有反序列化，则调用 MemoryStore 的 getBytes() 方法。代码如下（getLocalValues）：

```
if(level.useMemory && memoryStore.contains(blockId)){
    //如果反序列化，则直接读取内存中的数据
    val iter: Iterator[Any]=if(level.deserialized){
     memoryStore.getValues(blockId).get
    } else{
    //否则读取字节数组，并需要做反序列化处理
    serializerManager.dataDeserializeStream(
        blockId,memoryStore.getBytes(blockId).get.toInputStream())(info.classTag)
    }
```

```
// 返回数据及数据块大小、读取方法等
val ci=CompletionIterator[Any,Iterator[Any]](iter,{
 releaseLock(blockId,taskAttemptId)
})
Some(new BlockResult(ci,DataReadMethod.Memory,info.size))
```

在 MemoryStore 中，getValues 和 getBytes 都根据 BlockId 获取内存中的数据块。

① getValues 应用示例：

```
def getValues(blockId: BlockId): Option[Iterator[_]]={
  val entry=entries.synchronized{ entries.get(blockId)}
  entry match{
    case null=>None
    case e: SerializedMemoryEntry[_]=>
       throw new IllegalArgumentException("should only call getValues
              on deserialized blocks")
    case DeserializedMemoryEntry(values,_,_)=>
       val x=Some(values)
       x.map(_.iterator)
  }
}
```

② getBytes 应用示例：

```
def getBytes(blockId: BlockId): Option[ChunkedByteBuffer]={
  val entry=entries.synchronized{ entries.get(blockId)}
  entry match{
    case null=>None
    case e: DeserializedMemoryEntry[_]=>
     throw new IllegalArgumentException("should only call getBytes
                          on serialized blocks")
    case SerializedMemoryEntry(bytes,_,_)=> Some(bytes)
  }
}
```

观察 entries，发现其实就是一个 LinkedHashMap（Java 中的类，链表和哈希表实现技术）。所以，缓存在内存中的数据都是放入 LinkedHashMap 中。

```
private val entries=new LinkedHashMap[BlockId,MemoryEntry[_]](32,().75f,true)
```

LinkedHashMap 保存了插入的顺序，遍历 LinkedHashMap 时，先得到的记录是先插入的。如果内存不够，先保存的数据会被先清除。

2. 磁盘读取

getLocalValues() 方法中，根据缓存级别，如果使用磁盘缓存，则调用 DiskStore 的 getBytes() 方法。代码如下：

```
else if(level.useDisk && diskStore.contains(blockId)){
```

```
// 从磁盘中获取数据，由于保存到磁盘的数据是序列化的，读取到的数据也是序列化后的
val diskData=diskStore.getBytes(blockId)
val iterToReturn: Iterator[Any]={
if(level.deserialized){
    // 如果存储级别需要反序列化，则先反序列化，然后根据是否 level.useMemory 的值，
    // 判断是否存储到内存中
    val diskValues=serializerManager.dataDeserializeStream(
        blockId,
        diskData.toInputStream())(info.classTag)
    maybeCacheDiskValuesInMemory(info,blockId,level,diskValues)
} else{
    // 如果不需要反序列化，则直接判断是否需要将这些序列化数据缓存到内存中
    val stream=maybeCacheDiskBytesInMemory(info,blockId,level,diskData)
        .map{ _.toInputStream(dispose=false) }
        .getOrElse{diskData.toInputStream()}
    // 返回的数据需要做反序列化处理
    serializerManager.dataDeserializeStream(blockId,stream)(info.classTag)
  }
}
val ci=CompletionIterator[Any,Iterator[Any]](iterToReturn,{
  releaseLockAndDispose(blockId,diskData,taskAttemptId)
})
// 返回数据及数据块大小、读取方法等
Some(new BlockResult(ci,DataReadMethod.Disk,info.size))
```

3. 远程读取

Spark 读取远程节点的数据，依赖 Netty 实现的 Spark Rpc 框架，涉及两个重要的类：

① NettyBlockTransferService：为 Shuffle、存储模块提供了数据存取的接口实现，接收到数据存取的命令时，通过 Netty RPC 框架发送消息给指定节点，请求进行数据存取操作。

② NettyBlockRpcServer：Executor 启动时，会启动 RPC 监听器，当监听到消息时将消息传递到该类进行处理，消息包括读取数据 OpenBlocks 和写入数据 uploadBlock 两种。

（1）获取数据块位置

入口为 BlockManager 类中的 getRemoteValues() 方法，接着调用 getRemoteBytes() 方法。在 getRemoteBytes() 方法中调用 getLocationsAndStatus() 方法向 BlockManagerMasterEndpoint 发送 GetLocationsAndStatus 消息，请求数据块所在的位置和状态。代码如下：

```
/**
 * Get block from remote block managers.
 *
 * This does not acquire a lock on this block in this JVM.
 */
private def getRemoteValues[T: ClassTag](blockId: BlockId):
                                    Option[BlockResult]={
```

```
val ct=implicitly[ClassTag[T]]
getRemoteBytes(blockId).map{ data=>
  val values=serializerManager.dataDeserializeStream(blockId,data.
                                          toInputStream (dispose=true))(ct)
  new BlockResult(values,DataReadMethod.Network,data.size)
  }
}
```

BlockManagerMaster 类中的 getLocationsAndStatus() 方法:

```
/** Get locations as well as status of the blockId from the driver */
def getLocationsAndStatus(blockId: BlockId): Option[BlockLocationsAndStatus]={
  driverEndpoint.askSync[Option[BlockLocationsAndStatus]](
    GetLocationsAndStatus(blockId))
}
```

获取 Block 的位置列表后，BlockManager 的 getRemoteBytes() 方法中调用 BlockTransferService 的 fetchBlockSync() 方法。

（2）向数据块所在节点发送 OpenBlocks 消息

BlockTransferService 的 fetchBlockSync() 调用实现 NettyBlockTransferService 的 fetchBlocks() 方法。代码如下:

```
def fetchBlockSync(
    host: String,
    port: Int,
    execId: String,
    blockId: String,
    tempFileManager: TempFileManager): ManagedBuffer={
  val result=Promise[ManagedBuffer]()
  fetchBlocks(host,port,execId,Array(blockId),
    new BlockFetchingListener{
        override def onBlockFetchFailure(blockId: String,exception: Throwable):
        Unit={
            result.failure(exception)
        }
        override def onBlockFetchSuccess(blockId: String,data: ManagedBuffer):
        Unit={
            data match{
                case f: FileSegmentManagedBuffer=>
                    result.success(f)
                case _ =>
                    val ret=ByteBuffer.allocate(data.size.toInt)
                    ret.put(data.nioByteBuffer())
                    ret.flip()
```

```
              result.success(new NioManagedBuffer(ret))
           }
        }
     },tempFileManager)
    ThreadUtils.awaitResult(result.future,Duration.Inf)
}
```

NettyBlockTransferService 类的 fetchBlocks() 方法：

```
override def fetchBlocks(
    host: String,
    port: Int,
    execId: String,
    blockIds: Array[String],
    listener: BlockFetchingListener,
    tempFileManager: TempFileManager): Unit={
    logTrace(s"Fetch blocks from $host: $port(executor id $execId)")
    try{
        val blockFetchStarter=new RetryingBlockFetcher.BlockFetchStarter{
         override def createAndStart(blockIds: Array[String],listener:
         BlockFetchingListener){
            // 根据远程节点的地址和端口创建通信客户端
            val client=clientFactory.createClient(host,port)
            // 通过该客户端向指定节点发送读取数据消息
            new OneForOneBlockFetcher(client,appId,execId,blockIds,listener,
transportConf,tempFileManager).start()
         }
      }
      val maxRetries=transportConf.maxIORetries()
      if(maxRetries>()){
        new RetryingBlockFetcher(transportConf,blockFetchStarter,blockIds,
                       listener).start()
      }else{
         blockFetchStarter.createAndStart(blockIds,listener)
      }
    }catch{
     case e: Exception=>
       logError("Exception while beginning fetchBlocks",e)
       blockIds.foreach(listener.onBlockFetchFailure(_,e))
    }
}
```

fetchBlocks 中，根据远程节点的地址和端口创建通信客户端 TransportClient，通过该客户端向指定节点发送读取数据消息。消息的具体发送是在 OneForOneBlockFetcher 的 start() 方法中。代码如下：

```java
public void start(){
   if(blockIds.length==()){
      throw new IllegalArgumentException("Zero-sized blockIds array");
   }

   client.sendRpc(openMessage.toByteBuffer(),new RpcResponseCallback(){
      @Override
      public void onSuccess(ByteBuffer response){
         ...
      }

      @Override
      public void onFailure(Throwable e){
         ...
      }
   });
}
```

（3）远程节点响应并传输对应的数据块

对应的远程节点监听消息，当接收到客户端消息后，在 NettyBlockRpcServer 中进行消息匹配。代码如下：

```scala
override def receive(
    client: TransportClient,
    rpcMessage: ByteBuffer,
    responseContext: RpcResponseCallback): Unit={
   val message=BlockTransferMessage.Decoder.fromByteBuffer(rpcMessage)
   logTrace(s"Received request: $message")
   message match{
      case openBlocks: OpenBlocks=>
         val blocksNum=openBlocks.blockIds.length
         val blocks=for(i <-(() until blocksNum).view)
            yield blockManager.getBlockData(BlockId.apply(openBlocks.blockIds(i)))
         // 注册 ManagedBuffer, 利用 Netty 传输
         val streamId=streamManager.registerStream(appId,blocks.iterator.asJava)
         logTrace(s"Registered streamId $streamId with $blocksNum buffers")
         responseContext.onSuccess(new StreamHandle(streamId,blocksNum).
            toByteBuffer)
      case uploadBlock: UploadBlock =>
         val(level: StorageLevel,classTag: ClassTag[_])={
            serializer
              .newInstance()
              .deserialize(ByteBuffer.wrap(uploadBlock.metadata))
              .asInstanceOf[(StorageLevel,ClassTag[_])]
```

```
        }
        val data=new NioManagedBuffer(ByteBuffer.wrap(uploadBlock.blockData))
        val blockId=BlockId(uploadBlock.blockId)
        blockManager.putBlockData(blockId,data,level,classTag)
        responseContext.onSuccess(ByteBuffer.allocate(()))
    }
}
```

如上述代码所示，当匹配到 OpenBlocks 时，调用 BlockManager 的 getBlockData() 方法读取该节点上的数据。读取的数据块封装为 ManagedBuffer，然后使用 Netty 传输通道，把数据传递到请求节点上，完成数据传输。

### 6.1.3 写数据过程

分析读数据过程时，可以了解到 RDD.iterator → RDD.getOrCompute → BlockManager.getOrElseUpdate 既是读数据的入口，也是写数据的入口。不同的是，读数据用 BlockManager.get() 方法，而写数据用 doPutIterator() 方法。

在 doPutIterator() 方法中，如果缓存到内存中，则需要先判断数据是否进行了反序列化。如果已经反序列化，调用 putIteratorAsValues 直接把数据存入内存，读取时不需要再进行反序列化；如果没有反序列化，则调用 putIteratorAsBytes() 方法将序列化数据缓存，读取时需要进行反序列化。在存入内存时，需要判断在内存中展开（Unroll）该数据大小是否足够。如果足够，MemoryStore 直接存入 entries（进程）中，如果不够，存入磁盘。

数据写入完成时，一方面把数据块的元数据发送给 Driver 端的 BlockManagerMasterEndpoint 终端点，更新元数据。另一方面判断是否需要创建数据副本，如果需要则调用 replicate() 方法，把数据写到远程节点。图 6-3 所示为数据写入过程。

BlockManager.doPutIterator 代码如下：

```
private def doPutIterator[T](
    blockId: BlockId,
    iterator: ()=> Iterator[T],
    level: StorageLevel,
    classTag: ClassTag[T],
    tellMaster: Boolean=true,
    keepReadLock: Boolean=false): Option[PartiallyUnrolledIterator[T]]={
    doPut(blockId,level,classTag,tellMaster=tellMaster,keepReadLock=keepReadLock)
    {info=>
    val startTimeMs=System.currentTimeMillis
    var iteratorFromFailedMemoryStorePut: Option[PartiallyUnrolledIterator[T]]
=None
    //Size of the block in bytes
    var size=()L
    //缓存到内存中
    if(level.useMemory){
```

```
//Put it in memory first,even if it also has useDisk set to true;
//We will drop it to disk later if the memory store can't hold it.
if(level.deserialized){
   memoryStore.putIteratorAsValues(blockId,iterator(),classTag)match{
      // 写入内存成功，返回数据块大小
      case Right(s)=>
         size=s
      // 写入失败，运行存入磁盘则进行写磁盘操作，否则返回结果
      case Left(iter)=>
         if(level.useDisk){
            logWarning(s"Persisting block $blockId to disk instead.")
            diskStore.put(blockId){ channel=>
               val out =Channels.newOutputStream(channel)
               serializerManager.dataSerializeStream(blockId,out,iter)(classTag)
            }
            size=diskStore.getSize(blockId)
         }else{
            iteratorFromFailedMemoryStorePut=Some(iter)
         }
   }
} else{//!level.deserialized
   memoryStore.putIteratorAsBytes(blockId,iterator(),classTag,level.
   memoryMode)match{
      case Right(s)=>
         size=s
      case Left(partiallySerializedValues)=>
         //Not enough space to unroll this block;drop to disk if applicable
         if(level.useDisk){
            logWarning(s"Persisting block $blockId to disk instead.")
            diskStore.put(blockId){ channel=>
               val out =Channels.newOutputStream(channel)
               partiallySerializedValues.finishWritingToStream(out)
            }
          size=diskStore.getSize(blockId)
         } else{
            iteratorFromFailedMemoryStorePut=Some(partiallySerializedValues.
            valuesIterator)
         }
   }
}
// 写入磁盘
} else if(level.useDisk){
```

```scala
    diskStore.put(blockId){ channel=>
       val out =Channels.newOutputStream(channel)
       serializerManager.dataSerializeStream(blockId,out,iterator())(classTag)
    }
    size=diskStore.getSize(blockId)
}

val putBlockStatus=getCurrentBlockStatus(blockId,info)
val blockWasSuccessfullyStored=putBlockStatus.storageLevel.isValid
if(blockWasSuccessfullyStored){
    // 写入成功,向 Driver 上报元数据信息
    info.size=size
    if(tellMaster && info.tellMaster){
       reportBlockStatus(blockId,putBlockStatus)
    }
    addUpdatedBlockStatusToTaskMetrics(blockId,putBlockStatus)
    logDebug("Put block %s locally took %s".format(blockId,Utils.
           getUsedTimeMs(startTimeMs)))
    // 如果需要创建副本,则复制到其他节点
    if(level.replication>1){
       val remoteStartTime=System.currentTimeMillis
       val bytesToReplicate=doGetLocalBytes(blockId,info)
       val remoteClassTag=if(!serializerManager.canUseKryo(classTag)){
         scala.reflect.classTag[Any]
       } else{
         classTag
       }
       try{
          replicate(blockId,bytesToReplicate,level,remoteClassTag)
       } finally{
          bytesToReplicate.dispose()
       }
       logDebug("Put block %s remotely took %s"
          .format(blockId,Utils.getUsedTimeMs(remoteStartTime)))
    }
}
assert(blockWasSuccessfullyStored==iteratorFromFailedMemoryStorePut.
       isEmpty)
iteratorFromFailedMemoryStorePut
  }
}
```

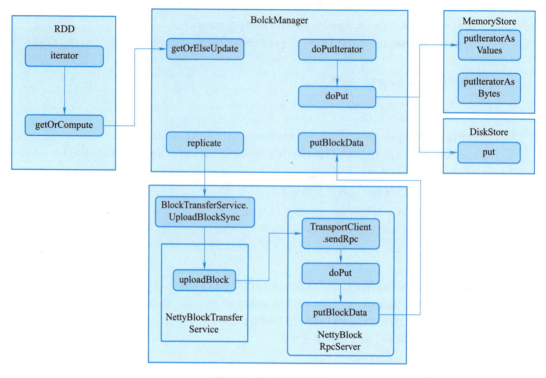

图 6-3　数据写入过程

### 1. 写内存

RDD 在缓存到内存之前，Partition 中的数据一般以迭代器（iterator）的数据结构来访问，通过 Iterator 可以获得分区中每一条序列化或者非序列化的 Record（记录），这些 Record 在访问时占用的是 JVM 堆内存中其他部分的内存区域，同一个 Partition 的不同 Record 的空间并不是连续的。RDD 被缓存之后，会由 Partition 转化为 Block（块），并且存储位置变为了 Storage Memory 区域，此时 Block 中的 Record 所占用的内存空间是连续的。

Unroll（展开）在 Spark 当中的意义就是将存储在 Partition 中的 Record 由不连续的存储空间转换为连续存储空间的过程。Unroll 操作时需要在 Storage Memory 中通过 reserveUnrollMemoryForThisTask 来申请 Unroll 操作所需要的内存，使用完毕之后，又通过 releaseUnrollMemoryForThisTask() 方法来释放这部分内存。

因为不能保证存储空间可以一次容纳 Iterator 中的所有数据，当前的计算任务在展开时要向 MemoryManager 申请足够的空间来临时占位，空间不足则展开失败，空间足够时可以继续进行。

Unroll 并不是一下把数据展开到内存，而是分步进行，在每步中都先检查内存是否足够，如果内存不足，则尝试将内存中的数据写入磁盘，释放空间存放新写入的数据。当计算释放空间足够时，则把内存中释放的数据写入磁盘并返回内存足够的结果；而当计算出释放所有空间都不足时，则返回内存不足的结果。

前面已经分析，写内存因数据类型不同，有 putIteratorAsValues() 和 putIteratorAsBytes() 两种方法，原理类似。其中，putIteratorAsByte() 方法代码如下：

```
private[storage] def putIteratorAsValues[T](
```

```scala
    blockId: BlockId,
    values: Iterator[T],
    classTag: ClassTag[T]): Either[PartiallyUnrolledIterator[T],Long]={
  require(!contains(blockId),s"Block $blockId is already present in the
        MemoryStore")
  // 内存中展开元素的数量
  var elementsUnrolled=()
  // 是否存在足够的内存用于继续展开该 Block (块)
  var keepUnrolling=true
  // 每个展开线程初始化内存大小,可由 spark.storage.unrollMemoryThreshold 配置
  val initialMemoryThreshold=unrollMemoryThreshold
  //Block 在内存中展开,设置每经过给定的次数后检查是否需要申请内存,默认16次
  val memoryCheckPeriod=conf.get(UNROLL_MEMORY_CHECK_PERIOD)
  // 记录展开操作保留的内存大小,初始为 initialMemoryThreshold
  var memoryThreshold=initialMemoryThreshold
  // 内存增长因子
  val memoryGrowthFactor=conf.get(UNROLL_MEMORY_GROWTH_FACTOR)
  // 展开该 Block 已使用内存大小
  var unrollMemoryUsedByThisBlock=()L
  // 追踪该 Block 展示所使用的内存大小
  var vector=new SizeTrackingVector[T]()(classTag)
  //Block unroll 前,尝试获取初始化内存
  keepUnrolling=reserveUnrollMemoryForThisTask(blockId,initialMemoryThreshold,
        MemoryMode.ON_HEAP)
  if(!keepUnrolling){
    logWarning(s"Failed to reserve initial memory threshold of"+
      s"${Utils.bytesToString(initialMemoryThreshold)} for computing block
        $blockId in memory.")
  } else{
    // 获取成功
    unrollMemoryUsedByThisBlock+=initialMemoryThreshold
  }
  // 在内存中迭代展开该 Block,定期判断是否超过分配内存大小
  while(values.hasNext && keepUnrolling){
    vector+=values.next()
  // 每 memoryCheckPeriod 进行一次检查,展开内存是否超过当前分配内存
  if(elementsUnrolled % memoryCheckPeriod==()){
    val currentSize=vector.estimateSize()
    // 不足,申请内存
    if(currentSize>=memoryThreshold){
      val amountToRequest=(currentSize*memoryGrowthFactor-memoryThreshold).
              toLong
```

```
              keepUnrolling=
                reserveUnrollMemoryForThisTask(blockId,amountToRequest,MemoryMode.
                                ON_HEAP)
              // 申请成功,加入已使用内存
              if(keepUnrolling){
                  unrollMemoryUsedByThisBlock+=amountToRequest
              }
              memoryThreshold+=amountToRequest
            }
        }
        elementsUnrolled+=1
    }
    // 成功展开 Block
    if(keepUnrolling){
      val arrayValues=vector.toArray
      vector=null
      val entry=new DeserializedMemoryEntry[T](arrayValues,SizeEstimator.
                                    estimate(arrayValues),classTag)
      // 计算该 Block 在内存中的存储大小
      val size=entry.size
      // 定义内部方法,先释放 Block 在内存展开的空间,然后再判断内存是否足够用于写入数据
      def transferUnrollToStorage(amount: Long): Unit={
        memoryManager.synchronized{
          releaseUnrollMemoryForThisTask(MemoryMode.ON_HEAP,amount)
          val success=memoryManager.acquireStorageMemory(blockId,amount,
                  MemoryMode.ON_HEAP)
          assert(success,"transferring unroll memory to storage memory failed")
        }
      }
      // 计算内存是否足够空间保存该 Block
      val enoughStorageMemory={
          // 比较展开内存和 Block 所需内存大小
          if(unrollMemoryUsedByThisBlock<=size){
            // 展开内存不够,则需申请还差的内存
            val acquiredExtra=memoryManager.acquireStorageMemory(blockId,size-unro
                      llMemoryUsedByThisBlock,MemoryMode.ON_HEAP)
            // 申请成功,进入transferUnrollToStorage
            if(acquiredExtra){
              transferUnrollToStorage(unrollMemoryUsedByThisBlock)
            }
            acquiredExtra
        } else{
```

```
        //展开的内存大于Block所需内存，则释放多余的内存
        val excessUnrollMemory=unrollMemoryUsedByThisBlock- size
   releaseUnrollMemoryForThisTask(MemoryMode.ON_HEAP,excessUnrollMemory)
        transferUnrollToStorage(size)
        true
      }
    }
    //如果有足够的内存，把Block放到内存的entries(进程)中，并返回占用内存大小
    if(enoughStorageMemory){
      entries.synchronized{
      entries.put(blockId,entry)
      }
      logInfo("Block %s stored as values in memory(estimated size %s,free %s)".
            format(blockId,Utils.bytesToString(size),Utils.bytesToString
            (maxMemory-blocksMemoryUsed)))
      Right(size)
    } else{
      //内存不足，则返回该数据块在内存部分展开的消息及大小等信息
      assert(currentUnrollMemoryForThisTask>=unrollMemoryUsedByThisBlock,
        "released too much unroll memory")
      Left(new PartiallyUnrolledIterator(
        this,
        MemoryMode.ON_HEAP,
        unrollMemoryUsedByThisBlock,
        unrolled=arrayValues.toIterator,
        rest=Iterator.empty))
    }
  } else{
    logUnrollFailureMessage(blockId,vector.estimateSize())
    Left(new PartiallyUnrolledIterator(
      this,
      MemoryMode.ON_HEAP,
      unrollMemoryUsedByThisBlock,
      unrolled=vector.iterator,
      rest=values))
  }
}
```

① 获取初始化内存，大小为 unrollMemoryThreshold，获取完毕后，返回是否成功的结果 keepUnrolling。unrollMemoryThreshold 可配置。

② 循环遍历 Iterator[T]，如果 hasNext 为 true 并且 keepUnrolling 为 true，则 elementsUnrolled 自增加 1，如果 hasNext 为 false 或者 keepUnrolling 为 false，跳到步骤④。

③在循环遍历的过程中，每次遇到memoryCheckPerriod（memoryCheckPerriod可由spark.storage.unrollMemoryCheckPerriod 设置，默认为16）即进行一次内存大小是否超过当前分配内存的检查，没有超出继续展开，超出了则需要申请内存，申请增加的内存为：val amountToRequest =（currentSize * memoryGrowthFactor- memoryThreshold）.toLong（即当前展开大小 × 内存增长因子 - 当前分配的内存大小），若申请成功，则加入已使用的内存。

④判断数据是否在内存中成功展开，如果失败，则记录内存不足并退出；如果成功，继续往下进行。

⑤先估算该数据块在内存中存储的大小，因为是每隔 memoryCheckPerriod 检查展开内存是否足够，所以在最终分配前还需要再进行判断。如果数据块展开的内存小于等于数据块存储的大小，说明展开内存的大小不够，还需要申请内存，申请成功，调用 transferUnrollToStorage 进入步骤⑥；如果展开的内存大于数据块的内存，则需要释放多余的内存，再调用 transferUnrollToStorage 进入步骤⑥。

⑥ transferUnrollToStorage 中，释放该数据块在内存展开的空间，然后再申请一块连续的内存，大小为数据块内存大小。如果成功，则把数据放到内存的 entries（进程）中，否则返回内存不足，写入失败的消息。

2. 写磁盘

将 Block 写入磁盘，调用 DiskStore 的 put() 方法。代码如下：

```
def put(blockId: BlockId)(writeFunc: WritableByteChannel=>Unit): Unit={
    if(contains(blockId)){
    throw new IllegalStateException(s"Block $blockId is already present in the
                         disk store")
    }
    logDebug(s"Attempting to put block $blockId")
    val startTime=System.currentTimeMillis
    val file=diskManager.getFile(blockId)
    val out=newCountingWritableChannel(openForWrite(file))
    var threwException: Boolean=true
    try{
        writeFunc(out)
        blockSizes.put(blockId,out.getCount)
        threwException=false
    } finally{
        try{
            out.close()
        } catch{
            case ioe: IOException =>
            if(!threwException){
                threwException=true
                throw ioe
            }
        } finally{
```

```
        if(threwException){
            remove(blockId)
        }
      }
    }
    val finishTime=System.currentTimeMillis
    logDebug("Block %s stored as %s file on disk in %d ms".format(
      file.getName,
      Utils.bytesToString(file.length()),
      finishTime- startTime))
}
```

在该方法中，先获取 Block 存入文件句柄，然后把数据序列化为数据流，最后根据传递进来的回调方法 writeFunc 把数据写入文件。

## 6.2 Shuffle

Shuffle 描述数据从 Map Task 输出到 Reduce Task 输入的这段过程。Shuffle 是连接 Map 和 Reduce 之间的桥梁，Map 的输出要用到 Reduce 中必须经过 Shuffle 这个环节，Shuffle 的性能高低直接影响了整个程序的性能和吞吐量。因为在分布式情况下，Reduce task 需要跨节点去拉取其他节点上的 Map Task 结果。这一过程将会产生网络资源消耗和内存，磁盘 I/O 的消耗。通常 Shuffle 分为两部分：Map 阶段的数据准备和 Reduce 阶段的数据复制处理。一般将在 Map 端的 Shuffle 称为 Shuffle Write，在 Reduce 端的 Shuffle 称为 Shuffle Read。

### 6.2.1 Shuffle Write

有许多场景下，需要进行跨服务器的数据整合，例如两个表之间，通过 id 进行 join 操作，必须确保所有具有相同 id 的数据整合到相同的块文件中。下面先介绍一下 Mapreduce 的 Shuffle 过程。

Mapreduce 的 Shuffle 的计算过程是在 Executor 中划分 Mapper 与 Reducer。Spark 进行 Shuffle 时，有两个很重要的用于压缩的参数。spark.shuffle.compress：是否要 Spark 对 Shuffle 的输出进行压缩；spark.shuffle.spill.compress：是否压缩 Shuffle 中间的刷写到磁盘的文件。这两个参数默认都是 true，并且默认都会使用 spark.io.compression.codec 来压缩数据。将 spark.io.compression.codec 编码器设置为压缩数据，默认为 True。同时，通过 spark.shuffle.manager 设置 Shuffle 时的排序算法，有 hash、sort、tungsten-sort。

1. Hash Based Shuffle Write

其实在很多计算场景中并不需要排序，排序后反而会带来一些不必要的开销。Executor 上执行 Shuffle Map Task 时调用 RunTask，从 sparkEnv 中获取到 Manager，从 Manager 中获取 Write，将对 RDD 计算的中间结果持久化，即在本地存起来，这样下游的 Task 直接调用中间结果即可。之前也提到过这样也拥有了不错的容错机制，恢复数据时不必重新计算所有的 RDD。当然，Map 端也可以对中间的结果进行一些操作，如聚合等，然后再存入本地，以便之后的 Task 进行调用。

这里有一个重要的实现最终成为 Hash Based Shuffle Write 被替换掉默认选项的原因，即每个 Shuffle Map Task 对每一个下游的 Partition 都生成一个文件，每个 Partition（分区）对应一个 Task（任务）。这样就产生了 Shuffle Map Task*following_partition 个文件（见图 6-4），产生的文件太过庞大，并且文件众多，每个节点会打开多个文件，访问方式是随机的，导致 Spark 的性能很差。

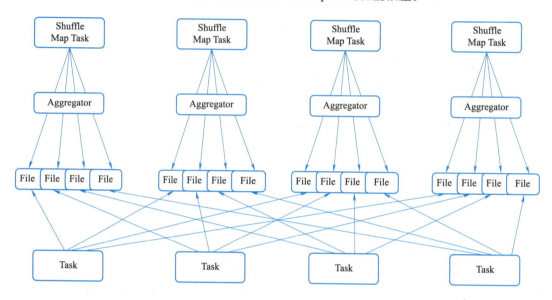

图 6-4　hash 写操作

效果差就会进行改进，于是 Spark 官方加入了 ShuffleConsolidate Writer。这个组件的加入明显减少了生成的文件，但随机访问多个文件的问题还没有解决。它的机制是加入了 core 的概念，core 包含很多 Map Task，同一个 core 中的 Shuffle Map Task 在第一个文件建立后，之后的数据追加进去即可，不会再生成新的文件。这样生成的文件会大幅减少。

### 2. Sort Based Shuffle Write

Sort Based Shuffle 已经成为 Spark 的默认选项，而 Hash Based Shuffle 已经完全被 Spark 所淘汰。Sort Based Shuffle 中每个 Shuffle Map Task 不是为每个 Partition 生成一个文件，而是将它们写在同一个文件内，然后生成一个索引文件 index，方便访问，这似乎有点像路由表的意思，索引记录不同于 Partition 的起始位置。这里要了解的是，正因为不必要的排序带来不必要的开销导致了性能下降，使得 Hadoop 中 Mapreduce 组件备受诟病，才提出了 Hash Based Shuffle，又因为 Hash 产生大量的文件又开发了 Sort Based Shuffle。这样一来，又变成了排序。但 Sort Based Shuffle 的排序有很好的优化，Shuffle Map Task 对每一个 Key（键）按照分区进行排序，同一个分区的键不进行排序，这样就避免了不必要的排序，处理流程如图 6-5 所示。

从 6-5 图中可以看出，还有外部排序的部件，这是因为当写入的过程中如果内存不够用了可以把数据进行外部存储，但这一部分数据的 partitionID 以及文件数目等信息会被记录下来放在数据的开头，又有点像计算机网络中的头部信息，都是为了访问或者收到信息时进行识别。这些外部存储的文件需要进行归并排序。至于多个文件打开随机读取效率低的问题，其实这里也没有很好地解决，只是推荐了依次打开文件的数目，用户可以设置。

# 第 6 章 Spark 存储原理

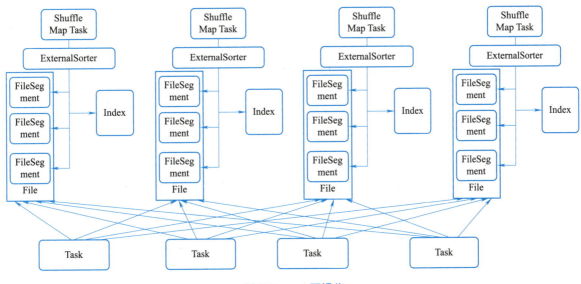

图 6-5 sort 写操作

## 6.2.2 Shuffle Read

Spark 会将 Job（工作）划分为多个 Stage（阶段），每个 Job 会由多个 ShuffleMapStage 和一个 ResultStage 组成，然后每个 Stage 会由多个 Task（任务）组成，Task 数量和每个 Stage 的 Partition 的数量相同。每个 Task 任务由单独的线程执行，不同 Stage 的 Task 之间需要进行数据流动，并且下游 Stage 的 Task 会依赖上游 Stage 的多个 Task，所以该过程需要将数据写入磁盘，并将属于下游 Stage 相同 Task 的数据汇总到一起，以供该 Task 进行拉取，该过程称为 Shuffle。Shuffle 过程分为 Shuffle 上游 Stage 的 Task 的写过程和 Shuffle 下游 Stage 的 Task 的读过程。图 6-6 所示为 Shuffle 读操作的流程。

① 在 SparkEnv 启动时，会对 ShuffleManager、BlockManager 和 MapOutputTracker 等实例化。ShuffleManager 配置项有 SortShuffleManager 和自定义的 ShuffleManager 两种，

SortShuffleManager 实例化 BlockStoreShuffleReader，持有的实例是 IndexShuffleBlockResolver 实例。

② 在 BlockStoreShuffleReader 的 read() 方法中，调用 mapOutputTracker 的 getMapSizesByExecutorId() 方法，由 Executor 的 MapOutputTrackerWorker 发送获取结果状态的 GetMapOutputStatuses 消息给 Driver 端的 MapOutputTrackerMaster，请求获取上游 Shuffle 输出结果对应的 MapStatus，其中存放了结果数据信息，也就是之前在 Spark 作业执行中介绍的 ShuffleMapTask 执行结果元信息。

③ 知道 Shuffle 结果的位置信息后，对这些位置进行筛选，判断是从本地还是远程获取这些数据。如果是本地直接调用 BlockManager 的 getBlockData() 方法，在读取数据时会根据写入方式的不同采取不同的 ShuffleBlockResolver 读取；如果是在远程节点上，需要通过 Netty 网络方式读取数据。在远程读取时会采用多线程的方式进行读取。一般来说，会启动 5 个线程到 5 个节点读取数据，每次请求的数据大小不会超过系统设置的 1/5，该大小由 spark.reducer.maxSizeInFlight 配置项进行设置，默认情况该配置为 48 MB。

④ 读取数据后，判断 ShuffleDependency 是否定义聚合（aggregation），如果需要，则根据键值进行聚合。在上游 ShuffleMapTask 已经做了合并，则在合并数据的基础上做键值聚合。待数据处理完毕后，

使用外部排序（External Sorter）对数据进行排序并放入存储器中。

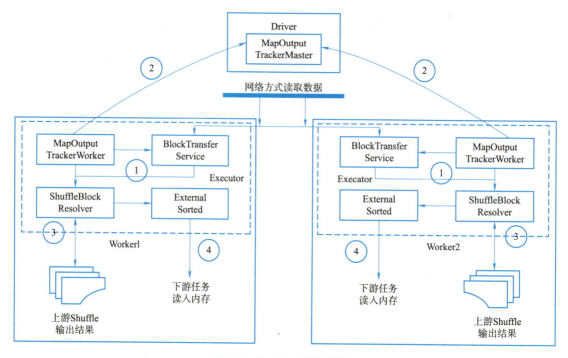

图 6-6 Shuffle 读操作流程

### 6.2.3 Hadoop Shuffle 与 Spark Shuffle

Shuffle 的本意是洗牌、混洗的意思，把一组有规则的数据尽量打乱成无规则的数据。而在 MapReduce 中，Shuffle 更像是洗牌的逆过程，指的是将 Map 端的无规则输出按指定的规则"打乱"成具有一定规则的数据，以便 Reduce 端接收处理。其在 MapReduce 中所处的工作阶段是 Map 输出后到 Reduce 接收前，具体可以分为 Map 端和 Reduce 端前后两部分。

在 Shuffle 之前，也就是在 Map 阶段，MapReduce 会对要处理的数据进行分片（Split）操作，为每一个分片分配一个 MapTask 任务。接下来 Map 会对每一个分片中的每一行数据进行处理得到键值对（key，value）此时得到的键值对又称为"中间结果"。此后便进入 Reduce 阶段，由此可以看出 Shuffle 阶段的作用是处理"中间结果"。

由于 Shuffle 涉及磁盘的读/写和网络的传输，因此 Shuffle 性能的高低直接影响到整个程序的运行效率。下面对 Hadoop 和 Spark Shuffle 机制进行比较。

1. Shuffle 管理器

Hadoop 2.7.x Shuffle 过程是 sort-based 过程，在 Shuffle 过程中会发生排序行为。

Spark 2.2.x Spark ShuffleManager 分为 HashShuffleManager 和 SortShuffleManager。Spark 1.2 后 默认为 SortShuffleManager，在普通模式下，Shuffle 过程中会发生排序行为；Spark 可以根据业务场景需要进行 ShuffleManager 选择——Hash Shuffle Manager/Sort ShuffleManager（普通模式和 bypass 模式）。

2. Shuffle 过程排序次数

Hadoop Shuffle 过程总共会发生 3 次排序行为，分别如下：

第一次排序行为：在 Map 阶段，由环形缓冲区溢出到磁盘上时，落地磁盘的文件会按照 key 进行分区和排序，属于分区内有序，排序算法为快速排序。

第二次排序行为：在 Map 阶段，对溢出的文件进行 Combiner 合并过程中，需要对溢出的小文件进行归并排序、合并，排序算法为归并排序。

第三次排序行为：在 Reduce 阶段，Reducetask 将不同 MapTask 端文件拉到同一个 Reduce 分区后，对文件进行合并、排序，排序算法为归并排序。

Spark Shuffle 过程在满足 Shuffle Manager 为 SortShuffleManager，且运行模式为普通模式的情况下才会发生排序行为，排序行为发生在数据结构中保存数据内存达到阈值，在溢出磁盘文件之前会对内存数据结构中数据进行排序。

Spark 中 Sorted-Based Shuffle 在 Mapper 端时进行排序，包括 Partition（分区）的排序和每个 Partition 内部元素进行排序。但是，在 Reducer 端没有进行排序，所以 Job（工作）的结果默认情况下不是排序的。Sorted-Based Shuffle 采用 Tim-Sort 排序算法，好处是可以极为高效地使用 Mapper 端的排序成果完成全局排序。

### 3. Shuffle 逻辑流划分

Hadoop Shuffle 过程可以划分为 map()、spill、merge、shuffle、sort、reduce 等，是按照流程顺次执行的，属于 Push 类型。

Spark Shuffle 过程是由算子进行驱动，由于 Spark 的算子懒加载特性，属于 Pull 类型，整个 Shuffle 过程可以划分为 Shuffle Write 和 Shuffle Read 两个阶段。

### 4. 数据结构不同

Hadoop 是基于文件的数据结构；Spark 是基于 RDD 的数据结构，计算性能要比 Hadoop 要高。

### 5. ShuffleCopy 的方式

Hadoop MapReduce 采用框架 Jetty 的方式。

Spark HashShuffle 采用 Netty 或者是 Socket 流。

### 6. Shuffle Fetch 后数据存放位置

Hadoop Reduce 端将 Map Task 的文件拉取到同一个 Reduce 分区，是将文件进行归并排序、合并，将文件直接保存在磁盘上。

Spark Shuffle Read 拉取来的数据首先肯定是放在 Reducer 端的内存缓存区中的 [Spark 曾经有版本要求只放在内存缓存中，数据结构类似于 HashMap（AppendOnlyMap）显然特别消耗内存和极易出现 OOM，同时也从 Reducer 端极大地限制了 Spark 集群的规模]，现在的实现都是内存+磁盘的方式（数据结构使用 ExternalAppendOnlyMap），当然也可以通过 Spark.shuffle.spill=false 设置只能使用内存。使用 ExternalAppendOnlyMap 的方式时如果内存使用达到一定临界值，会首先尝试在内存中扩大 ExternalAppendOnlyMap（内部有实现算法），如果不能扩容才会 Spill（溢出）到磁盘。

### 7. Shuffle Map 过程产生中间文件数量

Hadoop Shuffle 会在环形缓冲区溢出到磁盘很多小文件，和 Map Task 及 Key Hash 分区的数量有关，不过可以采用 combiner 的机制对文件进行合并。

Spark Shuffle 产生中间结果文件的数量和 ShuffleManager 的类型有关。

Hash Shuffle 未优化情况下：Executor 的数量 ×（当前 Stage 中 task 数量 × 下个 Stage 的 Task 数量）。

Hash Shuffle 采用 spark.shuffle.consolidateFiles=true 进行优化，产生中间小文件的数量为：Executor 数量 ×（CPU core 的数量 × 下一个 Stage 的 Task 数量）。

Sort Shuffle 普通模式：Executor 的数量 × 每个 Executor 执行 Task 数量。

Sort Shuffle bypass 模式：Executor 的数量 × 每个 Executor 执行 Task 数量。

### 8. 进行 Shuffle Fetch 操作的时间

Hadoop Shuffle 把数据拉过来之后，进行计算，如果用 MapReduce 求平均值，它的算法就会很好实现。

Spark Shuffle 的过程是边拉取数据边进行 Aggregate 操作。

### 9. Fetch 操作与数据计算粒度

Hadoop 的 MapReduce 是粗粒度的，Hadoop Shuffle Reducer Fetch 到的数据 record 先暂时被存放到 Buffer（缓冲器）中，当 Buffer 快满时才进行 combine()（组合方法）操作。

Spark 的 Shuffle Fetch 是细粒度的，Reducer 是对 Map 端数据 Record 边拉去边聚合。

### 10. 性能优化的角度

Spark 考虑得更全面。Hadoop MapReduce 的 Shuffle 方式单一。Spark 针对不同类型的操作、不同类型的参数，会使用不同的 Shuffle Write 方式。

## 6.3 共享变量

Spark 一个非常重要的特性就是共享变量。默认情况下，如果在一个算子函数中使用到某个外部的变量，那么这个变量的值会被复制到每个 Task 中。此时每个 Task 只能操作自己的那份变量副本。如果多个 Task 想要共享某个变量，使用这种方式是做不到的。

Spark 为此提供了两种共享变量，一种是 Broadcast Variable（广播变量）；另一种是 Accumulator（累加变量）。Broadcast Variable 会将使用到的变量，仅仅为每个节点复制一份，更大的用处是优化性能，减少网络传输以及内存消耗。Accumulator 则可以让多个 Task 共同操作一份变量，主要可以进行累加操作。

### 6.3.1 广播变量

广播变量允许开发人员在每个节点（Worker 或 Executor）缓存只读变量，而不是在 Task 之间传递这些变量。使用广播变量能够高效地在集群每个节点创建大数据集的副本。同时 Spark 还使用高效的广播算法分发这些变量，从而减少通信的开销。

Spark 应用程序作业的执行由一系列调度阶段构成，而这些调度阶段通过 Shuffle 进行分隔。Spark 能够在每个调度阶段自动广播任务所需通用的数据，这些数据在广播时需要进行序列化缓存，并在任务运行前进行反序列化。这就意味着当多个调度阶段的任务需要相同的数据，显式地创建广播变量才有用。

可以通过调用 sc.broadcast（v）创建一个广播变量，该广播变量的值封装在 v 变量中，可使用获取该变量 value 的方法进行访问。代码如下：

```
scala> val broadcastVar=sc.broadcast(Array(1,2,3))
broadcastVar: org.apache.spark.broadcast.Broadcast[Array[Int]]=Broadcast(())
scala> broadcastVar.value
res(): Array[Int]=Array(1,2,3)
```

从上文可以看出，广播变量的声明很简单，调用 broadcast 就能完成，并且 Scala 中一切可序列化的对象都是可以进行广播的，这就给了人们很大的想象空间，可以利用广播变量将一些经常访问的大变量进行广播，而不是每个任务保存一份，这样可以减少资源的浪费。

当广播变量创建后，在集群中所有函数将以变量 v 代表广播变量，并且该变量 v 一次性分发到各节点中。另外，为了确保所有的节点获得相同的变量，对象 v 广播后只读不能够被修改。

正常来说每个节点的数据是不需要我们操心的，Spark 会自动按照 LRU（Least Receutly used，最近最少使用算法）规则将老数据删除，如果需要手动删除可以调用 unpersist() 函数。更新广播变量的基本思路：将老的广播变量删除（unpersist），然后重新广播一遍新的广播变量，为此简单包装一个用于广播和更新广播变量的 wrapper 类。代码如下：

```scala
import java.io.{ ObjectInputStream,ObjectOutputStream }
import org.apache.spark.broadcast.Broadcast
import org.apache.spark.streaming.StreamingContext
import scala.reflect.ClassTag
case class BroadcastWrapper[T: ClassTag](
    @transient private val ssc: StreamingContext,
    @transient private val _v: T){
    @transient private var v=ssc.sparkContext.broadcast(_v)
    def update(newValue: T,blocking: Boolean=false): Unit={
      // 删除RDD是否需要锁定
      v.unpersist(blocking)
      v=ssc.sparkContext.broadcast(newValue)
    }
    def value: T=v.value
    private def writeObject(out: ObjectOutputStream): Unit={
       out.writeObject(v)
    }
    private def readObject(in: ObjectInputStream): Unit={
       v=in.readObject().asInstanceOf[Broadcast[T]]
    }
}
```

利用该 wrapper 更新广播变量，大致的处理逻辑如下：

```scala
// 定义
val yourBroadcast=BroadcastWrapper[yourType](ssc,yourValue)
yourStream.transform(rdd =>{
  // 定期更新广播变量
  if(System.currentTimeMillis- someTime>Conf.updateFreq){
     yourBroadcast.update(newValue,true)
  }
})
```

## 6.3.2 累加器

顾名思义，累加器是一种只能通过关联操作进行"加"操作的变量，因此它能够高效地应用于并行操作中。它能够用来实现 counters（计数器）和 sums（求和）。Spark 原生支持数值类型的累加器，开发者可以自己添加支持的类型，在 2.0.0 之前的版本中，通过继承 AccumulatorParam 来实现，而 2.0.0 之后的版本需要继承 AccumulatorV2 来实现自定义类型的累加器。

在 2.0.0 之前版本中，累加器的声明使用方式如下：

```
scala> val accum=sc.accumulator(0,"My Accumulator")
accum: spark.Accumulator[Int]=0
scala> sc.parallelize(Array(1,2,3,4)).foreach(x=>accum += x)
...
10/09/29 18: 41: 08 INFO SparkContext: Tasks finished in 0.317106 s
scala> accum.value
res2: Int=10
```

累加器的声明在 2.0.0 发生了变化，到 2.1.0 也有所变化，具体可以参考官方文档。这里以 2.1.0 为例进行讲解：

```
scala> val accum=sc.longAccumulator("My Accumulator")
accum: org.apache.spark.util.LongAccumulator=LongAccumulator(id: 0,name: Some
    (My Accumulator),value: 0)
scala> sc.parallelize(Array(1,2,3,4)).foreach(x=>accum.add(x))
10/09/29 18: 41: 08 INFO SparkContext: Tasks finished in 0.317106 s
scala> accum.value
res2: Long=10
```

Spark 提供的 Accumulator，主要用于多个节点对一个变量进行共享性的操作。Accumulator 只提供了累加功能，但是却提供了多个 Task 对一个变量并行操作的功能。Task 只能对 Accumulator 进行累加操作，不能读取它的值。只有 Driver 程序可以读取 Accumulator 的值。

累加器只能由 Spark 内部进行更新，并保证每个任务在累加器的更新操作仅执行一次，也就是说重启任务也不应该更新。在转换操作中，用户必须意识到任务和作业的调度过程重新执行会造成累加器的多次更新。

累加器同样具有 Spark 懒加载的求值模型。如果它们在 RDD 的操作中进行更新，它们的值只在 RDD 进行操作时才更新。

## 小 结

本章学习了 Spark 的存储原理，包括存储体系架构、读/写数据过程、Shuffle 和共享变量等内容。

首先，介绍了 Spark 的存储体系架构，包括存储层次、存储类型和存储格式等。详细解释了 Spark 如何使用内存和磁盘进行数据存储，并介绍了不同存储类型和格式之间的区别和优缺点。

其次，讨论了 Spark 的数据读/写过程；解释了如何使用 RDD 和 DataFrame 读取数据；介绍了

# 第 6 章  Spark 存储原理

Spark 的缓存机制和数据持久化方式；讨论了数据写入过程中的优化方法和技巧。

然后，介绍了 Spark 中的 Shuffle 过程；讨论了 Shuffle 的作用、Shuffle Write 和 Shuffle Read 过程，并比较了 Hadoop Shuffle 和 Spark Shuffle 之间的区别和优劣。

最后，讲解了 Spark 中的共享变量；介绍了广播变量和累加器的使用方法和实现原理，并讨论了它们在分布式计算中的作用和优化。

通过学习本章，应该对 Spark 的存储原理有深入的了解，掌握读/写数据的技巧和 Shuffle 优化方法，同时理解共享变量的作用和使用方法。

## 习　题

1. 什么是 Spark 的 Shuffle 过程？它的作用是什么？
2. Spark 的缓存机制是什么？它有什么优缺点？
3. 广播变量和累加器在 Spark 中的作用是什么？它们的实现原理是什么？

# 第 7 章

# Spark SQL

## 学习目标

- 了解 Spark SQL。
- 掌握 Spark SQL 多数据源操作。

## 素质目标

- 具备解决实际问题的能力，能够熟练运用 Spark SQL 进行数据查询和分析，能够使用 Spark SQL 解决实际问题。
- 具备完善的分析能力，能够分析实际问题，并提出解决方案；能够分析和优化 Spark SQL 查询，独立解决 Spark SQL 的性能和优化问题。
- 具备强大的沟通能力，能够与数据分析师和业务人员进行沟通，理解他们的需求并提供相应的数据分析和查询服务。
- 具备解决实际问题的能力，能够结合数据分析和处理的实践经验，应用 Spark SQL 技术解决实际问题。

Spark SQL 是 Spark 用来处理结构化数据（可以来自外部结构化数据源也可以通过 RDD 获取）的一个模块，它提供了一个 DataFrame（即带有 Schema 信息的 RDD），并且具有分布式 SQL 查询引擎的作用。

Spark SQL 在 Hive 兼容层面仅依赖 HiveQL 解析、Hive 元数据。也就是说，从 HQL 被解析成抽象语法树（AST）起，就全部由 Spark SQL 接管了。Spark SQL 执行计划生成和优化都由 Catalyst（函数式关系查询优化框架）负责。

Spark SQL 增加了 DataFrame，使用户可以在 Spark SQL 中执行 SQL 语句，数据既可以来自 RDD，也可以是 Hive、HDFS、Cassandra 等外部数据源，还可以是 JSON 格式的数据。

Spark SQL 目前支持 Scala、Java、Python 三种语言，支持 SQL-92 规范。

# 第 7 章  Spark SQL

## 7.1  Spark SQL 简介

### 7.1.1  Spark SQL 的概念

外部的结构化数据源包括 JSON、Parquet（默认）、RMDBS、Hive 等。当前 Spark SQL 使用 Catalyst 优化器对 SQL 进行优化，从而得到更加高效的执行方案，并且可以将结果存储到外部系统。

Spark SQL 的前身是 Shark。Shark 最初是加州大学伯克利分校的实验室开发的 Spark 生态系统的组件之一，运行在 Spark 系统之上。Shark 重用了 Hive 的工作机制，并直接继承了 Hive 的各个组件。Shark 将 SQL 语句的转换从 MapReduce 作业替换成了 Spark 作业，虽然提高了计算效率，但由于 Shark 过于依赖 Hive，因此在版本迭代时很难添加新的优化策略，从而限制了 Spark 的发展。2014 年，伯克利实验室停止了对 Shark 的维护，转向 Spark SQL 的开发。Spark SQL 主要提供了以下三项功能。

① Spark SQL 可以从各种结构化数据源（如 JSON、Hive、Parquet 等）中读取数据，进行数据分析。

② Spark SQL 包含行业标准的 JDBC 和 ODBC 连接方式，因此它不局限于在 Spark 程序内使用 SQL 语句进行查询。

③ Spark SQL 可以无缝地将 SQL 查询与 Spark 程序进行结合，它能够将结构化数据作为 Spark 中的分布式数据集（RDD）进行查询。在 Python、Scala 和 Java 中均集成了相关 API，这种紧密的集成方式能够轻松地运行 SQL 查询以及复杂的分析算法。

总体来说，Spark SQL 支持多种数据源的查询和加载，兼容 Hive，可以使用 JDBC/ODBC 的连接方式来执行 SQL 语句，它为 Spark 框架在结构化数据分析方面提供重要的技术支持。

### 7.1.2  Spark SQL 架构

Spark SQL 架构与 Hive 架构相比除了把底层的 MapReduce 执行引擎更改为 Spark，还修改了 Catalyst 优化器。Spark SQL 快速的计算效益得益于 Catalyst 优化器。从 HiveQL 被解析成语法抽象树起，执行计划生成和优化工作全部交给 Spark SQL 的 Catalyst 优化器负责和管理。图 7-1 所示为 Spark SQL 整体架构。

Catalyst 优化器是一个新的可扩展的查询优化器，基于 Scala 函数式编程结构，Spark SQL 开发工程师设计可扩展架构主要是为了在今后的版本迭代时，能够轻松地添加新的优化技术和功能，尤其是为了解决大数据生产环境中遇到的问题（例如，针对半结构化数据和高级数据分析），另外，Spark 作为开源项目，外部开发人员可以针对项目需求自行扩展 Catalyst 优化器的功能。

Catalyst 主要的实现组件介绍如下：

① sqlParse：完成 SQL 语句的语法解析功能，目前只提供了一个简单的 SQL 解析器。

② Analyzer：主要完成绑定工作，将不同来源的 Unresolved LogicalPlan（未解决的逻辑计划）和数据元数据（如 hive metastore、Schema catalog）进行绑定，生成 Resolved LogicalPlan（解决的逻辑计划）。

③ Optimizer：对 Resolved LogicalPlan 进行优化，生成 Optimized LogicalPlan（最优代的逻辑计划）。

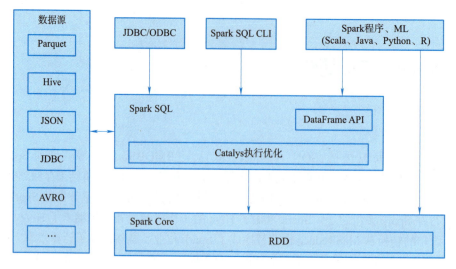

图 7-1 Spark SQL 整体架构

④ Planner：将 LogicalPlan（逻辑计划）转换成 PhysicalPlan（物理计划）。

⑤ CostModel：主要根据过去的性能统计数据，选择最佳的物理执行计划。

Spark 作为开源项目，外部开发人员可以针对项目需求自行扩展 Catalyst 优化器的功能。图 7-2 所示为 Spark SQL 的运行架构。

图 7-2 Spark SQL 的运行架构

对于图 7-2，Spark SQL 的工作流程可以分为如下几步：

①使用 SessionCatalog 保存元数据。在解析 SQL 语句之前，会创建 SparkSession，如果是 2.0 之前的版本初始化 SQLContext，SparkSession 只是封装了 SparkContext 和 SQLContext 的创建而已。会把元数据保存在 SessionCatalog 中，涉及表名、字段名称和字段类型。创建临时表或者视图，其实就会往 SessionCatalog 注册。

②解析 SQL 使用 ANTLR 生成未绑定的逻辑计划。当调用 SparkSession 的 SQL 或者 SQLContext 的 SQL 方法时，以 2.0 为准，就会使用 SparkSqlParser 解析 SQL。使用的 ANTLR 进行词法解析和语法解析。它分为 2 个步骤来生成 Unresolved LogicalPlan：

- 词法分析：Lexical Analysis，负责将 token 分组成符号类。
- 构建一个分析树或者语法树 AST。

③使用分析器 Analyzer 绑定逻辑计划。在该阶段，Analyzer 会使用 Analyzer Rules 并结合 Session

## 第 7 章　Spark SQL

Catalog，对未绑定的逻辑计划进行解析，生成已绑定的逻辑计划。

④使用优化器 Optimizer 优化逻辑计划。优化器也是会定义一套 Rules，利用这些 Rule 对逻辑计划和 Exepression 进行迭代处理，从而使得树的节点进行合并和优化。

⑤使用 SparkPlanner 生成物理计划。SparkPlanner 使用 Planning Strategies，对优化后的逻辑计划进行转换，生成可以执行的物理计划 SparkPlan。

⑥使用 QueryExecution 执行物理计划。此时调用 SparkPlan 的 execute() 方法，底层其实已经再触发 Job（工作）了，然后返回 RDD。

## 7.2　DataFrame

DataFrame 是一种分布式数据集合，每一条数据都由几个命名字段组成。从概念上来说，它和关系型数据库的表或者 R 和 Python 中的 Data Frame 等价，只不过在底层，DataFrame 采用了更多优化。DataFrame 可以从很多数据源加载数据并构造得到，如结构化数据文件、Hive 中的表、外部数据库，或者已有的 RDD。下面通过图 7-3 了解 DataFrame 与 RDD 在结构上的区别。

图 7-3　DataFrame 与 RDD 区别

图 7-3 直观地体现了 DataFrame 和 RDD 的区别。左侧的 RDD[Person] 虽然以 Person 为类型参数，但 Spark 框架本身不了解 Person 类的内部结构。而右侧的 DataFrame 却提供了详细的结构信息，使得 Spark SQL 可以清楚地知道该数据集中包含哪些列，每列的名称和类型各是什么。DataFrame 多了数据的结构信息，即 Schema。Schema 的存在，使得数据项的转换涉及的类型也都将是安全的，这对于比较复杂的数据计算程序的调试是十分有利的。很多数据类型不匹配的问题都可以在编译阶段就被检查出来，而对于不合法的数据文件，DataFrame 也具备一定分辨能力。RDD 是分布式的 Java 对象的集合；DataFrame 是分布式的 Row 对象的集合。DataFrame 除了提供了比 RDD 更丰富的算子以外，更重要的特点是提升执行效率、减少数据读取以及执行计划的优化，如 filter 下推、裁剪等。

### 7.2.1　创建 DataFrame

在 Spark 2.0 版本之前，Spark SQL 中的 SQLContext 是创建 DataFrame 和执行 SQL 的入口，

创建
DataFrame

可以利用 HiveContext 接口，通过 HiveQL 语句操作 Hive 表数据，实现数据查询功能。从 Spark 2.0 版本以上开始，Spark 使用全新的 SparkSession 接口替代 SQLContext 及 HiveContext 接口来实现对其数据加载、转换、处理等功能。SparkSession 实现了 SQLContext 及 HiveContext 所有功能。

SparkSession 支持从不同的数据源加载数据，并把数据转换成 DataFrame，并且支持把 DataFrame 转换成 SQLContext 自身中的表，然后使用 SQL 语句来操作数据。SparkSession 亦提供了 HiveQL 以及其他依赖于 Hive 的功能的支持。创建 SparkSession 对象可以通过 SparkSession.builder().getOrCreate() 防范获取，但使用 Spark-Shell 编写程序时，Spark-Shell 会默认提供一个名为 sc 的 SparkContext 对象和一个名为 spark 的 SparkSession 对象，因此可以直接使用这两个对象，不需要自行创建。启动 Spark-Shell 命令如下：

```
$spark-shell --master local[2]
```

Spark-Shell 启动完成后，效果如图 7-4 所示。

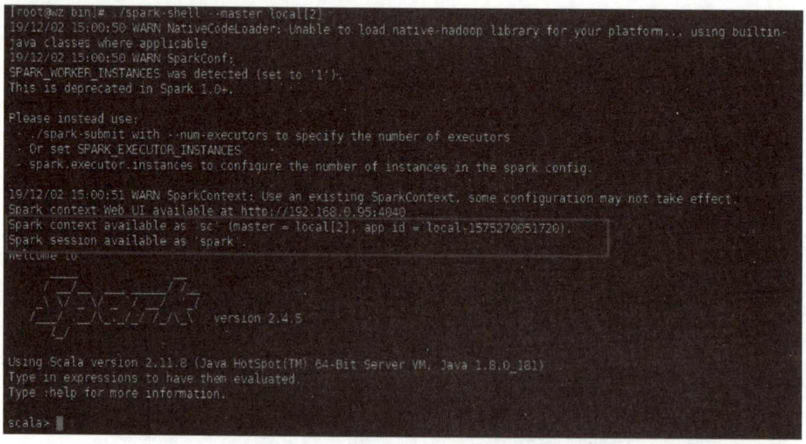

图 7-4　Spark-Shell 启动效果

从图 7-4 中可以看出，SparkContext、SparkSession 对象已经创建完成，分别为 sc、spark。想要创建 DataFrame 有多种方式，可以从一个已经存在的 RDD 使用 toDF() 函数创建 DatatFrame，或者通过文件直接创建 DataFrame，还可以使用 createDataFrame() 函数创建 DataFrame。

在创建 DataFrame 之前，为了支持 RDD 转换成 DataFrame 及后续的 SQL 操作，需要导入 spark.implicits._ 包启用隐式转换。若使用 SparkSession 方式创建 DataFrame，可以使用 spark.read 操作，从不同类型的文件中加载数据创建 DataFrame。

下面演示不同的方式创建 DataFrame。

1. 数据准备

在本地创建一个文件，有三列，分别是 id、name、age，用空格分割，然后上传到 HDFS 上，文件内容如下：

1 Tom 18
2 Andy 19
3 Justin 20
4 Michael 21

5 Jones 22
6 Williams 23

2. 通过文件创建 DataFrame

通过读取数据源的方式创建 DataFrmae，代码如下：

```
scala> val df=spark.read.text(/dataframe.txt)
scala> df.show()
+-------------+
|        value|
+-------------+
|    1 Tom 18 |
|    2 Andy 19|
|  3 Justin 20|
| 4 Michael 21|
|   5 Jones 22|
|6 Williams 23|
+-------------+
```

在上述代码中通过读取 txt 文件的方式创建 DataFrame，使用 DataFrame 的 show() 方法可以查看当前 DataFrame 的结果数据。从返回结果可以看出，当前 df 对象中的 6 条记录对应了文本文件中的数据。

3. RDD 转换为 DataFrame

使用 RDD 的 toDF() 方法就可以将 RDD 转换为 DataFrame 对象。代码如下：

```
1  scala> val dfRDD=sc.textFile("/dataframe.txt").map(_.split(" "))
2  dfRDD: org.apache.spark.rdd.RDD[Array[String]]=MapPartitionsRDD[2]
   at map at <console>: 24
3
4  scala> case class People(id: Int,name: String,age: Int)
5  defined class People
6
7  scala> val peopleRDD=dfRDD.map(x=>People(x(()).toInt,x(1),x(2).toInt))
8  peopleRDD: org.apache.spark.rdd.RDD[People]=MapPartitionsRDD[3]
   at map at <console>: 28
9
10 scala> val peopleDF=peopleRDD.toDF()
11 peopleDF: org.apache.spark.sql.DataFrame=[id: int,name: string ... 1 more field]
12
13 scala> peopleDF.show()
14 +---+--------+---+
15 | id|    name|age|
16 +---+--------+---+
17 |  1|     Tom| 18|
18 |  2|    Andy| 19|
19 |  3|  Justin| 20|
```

```
20 |  4| Michael| 21|
21 |  5|   Jones| 22|
22 |  6|Williams| 23|
23 +---+--------+---+
```

从上面的代码可以看出,第 1 行将文本文件转换成了 RDD,第 4 行定义了 People 样例类,相当于定义了 Schema 元数据信息,可以使用 printSchema() 方法查看,如图 7-5 所示。第 7 行将 RDD 与 People 样例类进行绑定,第 10 行使用 toDF() 方法将 RDD 装换为 DataFrame,第 13 行至 23 行为打印的数据结果。

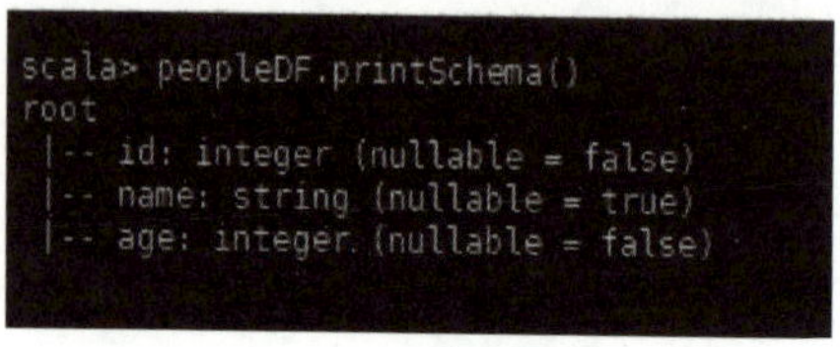

```
scala> peopleDF.printSchema()
root
 |-- id: integer (nullable = false)
 |-- name: string (nullable = true)
 |-- age: integer (nullable = false)
```

图 7-5  元数据信息

## 7.2.2  操作 DataFrame

DataFrame 提供了两种语法风格:DSL 风格语法和 SQL 风格语法。两者在功能上并无区别,仅仅是根据用户习惯,自定义选择操作方式。

1. DSL 风格

简单来说,就是 DataFrame 对象调用 API,这些 API 有的和 RDD 同名,有的和 SQL 关键词同名。

(1)查看 DataFrame 中的内容

```
scala> peopleDF.show()
+---+--------+---+
| id|    name|age|
+---+--------+---+
|  1|     Tom| 18|
|  2|    Andy| 19|
|  3|  Justin| 20|
|  4| Michael| 21|
|  5|   Jones| 22|
|  6|Williams| 23|
+---+--------+---+
```

(2)查看 DataFrame 部分列中的内容

```
scala> peopleDF.select(peopleDF.col("name")).show
+--------+
|    name|
+--------+
|     Tom|
|    Andy|
```

```
|  Justin|
| Michael|
|   Jones|
|Williams|
+--------+
scala> peopleDF.select("name").show
+--------+
|    name|
+--------+
|     Tom|
|    Andy|
|  Justin|
| Michael|
|   Jones|
|Williams|
+--------+
```

（3）打印 DataFrame 的 Schema 信息

```
scala> peopleDF.printSchema
root
 |-- id: integer(nullable=false)
 |-- name: string(nullable=true)
 |-- age: integer(nullable=false)
```

（4）查询所有的 name 和 age，并将 age+1

```
scala> peopleDF.select(col("id"),col("name"),col("age")+1).show
+---+--------+---------+
| id|    name|  (age+1)|
+---+--------+---------+
|  1|     Tom|       19|
|  2|    Andy|       20|
|  3|  Justin|       21|
|  4| Michael|       22|
|  5|   Jones|       23|
|  6|Williams|       24|
+---+--------+---------+
```

（5）过滤 age 大于等于 20 的信息

```
scala> peopleDF.filter(col("age")>=20).show
+---+--------+---+
| id|    name|age|
+---+--------+---+
|  3|  Justin| 20|
|  4| Michael| 21|
```

```
|  5|   Jones| 22|
|  6|Williams| 23|
+---+--------+---+
```

(6)按年龄进行分组并统计相同年龄的人数

```
scala> peopleDF.groupBy("age").count.show
+---+-----+
|age|count|
+---+-----+
| 22|    1|
| 20|    1|
| 19|    1|
| 23|    1|
| 21|    1|
| 18|    1|
+---+-----+
```

2. SQL 风格

如果想使用 SQL 风格的语法,需要将 DataFrame 注册成表。代码如下:

```
scala> peopleDF.registerTempTable("t_person")
```

(1)查询年龄最大的前两名

```
scala> spark.sql("select * from t_person order by age desc limit 2").show
+---+--------+---+
| id|    name|age|
+---+--------+---+
|  6|Williams| 23|
|  5|   Jones| 22|
+---+--------+---+
```

(2)显示表的 Schema 信息

```
scala> spark.sql("desc t_person").show
+--------+---------+-------+
|col_name|data_type|comment|
+--------+---------+-------+
|      id|      int|   null|
|    name|   string|   null|
|     age|      int|   null|
+--------+---------+-------+
```

(3)使用 SQL 风格完成 DSL 中的需求

```
spark.sql("select name,age+1 from t_person").show
spark.sql("select name,age from t_person where age>20").show
spark.sql("select age,count(age)from t_person group by age").show
```

## 7.2.3 RDD 转换为 DataFrame

RDD转换为DataFrame

Spark SQL 支持两种不同的方式转换已经存在的 RDD 到 DataFrame。第一种方式，是使用反射来推断包含了特定数据类型的 RDD 的元数据。这种基于反射的方式，代码比较简洁，当已经知道 RDD 的元数据时，是一种非常不错的方式。这个方式简单，但是不建议使用，因为在工作当中，使用这种方式是有限制的。

对于以前的版本来说，case class（样例类）最多支持 22 个字段，如果超过了 22 个字段，就必须要自己开发一个类，实现（用户自定义接口）才行。因此这种方式虽然简单，但是不通用；因为生产中的字段是非常多的，是不可能只有 20 多个字段的。

第二种方式，是通过编程接口来创建 DataFrame，可以在程序运行时动态构建一份元数据，然后将其应用到已经存在的 RDD 上。这种方式的代码比较冗长，但是如果在编写程序时，还不知道 RDD 的元数据，只有在程序运行时，才能动态得知其元数据，就只能通过这种动态构建元数据的方式。

### 1. 反射机制推断 Schema

在 Windows 中开发 Scala 代码，可以使用本地环境测试，因此首先需要在本地磁盘准备文本文件数据，将 HDFS 中的 dataframe.txt 文件下载到本地桌面（C:\Users\Administrator\Desktop\dataframe.txt），接下来打开 IDEA 工具创建名为 rdd_dataframe 的 maven 项目。

（1）添加依赖

在 pom.xml 文件中添加 Spark SQL 依赖。如下所示：

```xml
<dependency>
    <groupId>org.apache.spark</groupId>
    <artifactId>spark-sql_2.11</artifactId>
    <version>2.3.2</version>
</dependency>
```

（2）代码编写

Spark SQL 的 Scala 接口支持自动将包含样例类（case class）对象的 RDD 转换为 DataFrame 对象。在样例类的声明中已预先定义了表的结构信息，内部通过反射机制即可读取样例类的参数的名称、类型，转化为 DataFrame 对象的 Schema。样例类不仅可以包含 Int、Double、String 这样的简单数据类型，也可以嵌套或包含复杂类型，如 Seq 或 Arrays。

**注意**：SparkContext 是 RDD 编程的主入口，SparkSession 是 SparkSQL 的主入口，SparkSession 初始化时，Sparkcontext 和 SparkConf 也会实例化。代码如下：

```scala
import org.apache.spark.sql.{DataFrame,Row,SparkSession}
case class Person(id: Int,name: String,age: Int)
object RDD2DataFrame_1{
    def main(args: Array[String]): Unit={
    //enableHiveSupport() 开启支持 hive
    val spark: SparkSession=SparkSession.builder().appName("RDD2DataFrame_1")
        .master("local[2]").getOrCreate()
    // 基于反射的方式（必须事先知道 Schema，通过 case class 定义
    //Schema,通过反射获取 case class 中的字段和类型,spark1.6 版本 case class 只支持 22 个字段,
    // 高版本不限制字段个数）
```

```
    /**
     * 1.创建case class
     * 2.创建rdd=>rdd[case class]=>.toDF().
     */
    //导入隐式转换,才能调用toDF()方法
    import spark.implicits._
    val df: DataFrame=spark.sparkContext.textFile("C:\\Users\\Administrator
      \\Desktop\\dataframe.txt").map(x=>x.split(" ")).map(x=>Person(x(0).toInt,x(1),
      x(2).toInt)).toDF()
    df.show()
    //df.map(x=>"name: "+x.getAs[String]("name")).show()
  }
}
```

2. 编程方式定义 Schema

当 case 类不能提前定义时(例如数据集的结构信息已包含在每一行中、一个文本数据集的字段对不同用户来说需要被解析成不同的字段名),这时就可以通过以下三步完成 DataFrame 的转化。

①根据需求从源 RDD 转化成行 RDD。

②创建符合在步骤①中创建的 RDD 中的 Rows(行)结构的 StructType(结构类型)表示的模式。

③通过 SparkSession 提供的 createDataFrame() 方法将模式应用于行的 RDD。

根据上述步骤,创建 RDD2DataFrame_2.scala 文件,使用编程方式定义 Schema 信息的代码如下:

```
import org.apache.spark.sql.{DataFrame,Row,SparkSession}
object RDD2DataFrame_2{
  def main(args: Array[String]): Unit={
    val spark: SparkSession=SparkSession.builder().appName("RDD2DataFrame_2").
         master("local[2]").getOrCreate()
    //基于编程的方式指定
    /**
     * 1.创建schemaString=>StructField=>StructType
     * 2.创建rdd=>Rdd[Row]
     * 3.spark.createDataFrame(rowRDD,StructType)
     */
    //导入隐式转换(否则StringType找不到)
    import org.apache.spark.sql.types._
    val schemaString="id name age"
    val fields=schemaString.split(" ").map(fieldName=>StructField(fieldName,
         StringType,nullable=true))
    val schema=StructType(fields)
    val rowRDD=spark.sparkContext.textFile("C:\\Users\\Administrator\\Desktop
         \\dataframe.txt").map(x=>x.split(" ")).map(x=>Row(x(0),x(1),x(2)))
    val df2: DataFrame=spark.createDataFrame(rowRDD,schema)
    df2.show()
```

```
        spark.stop()
    }
}
```

## 7.3 Spark SQL 多数据源操作

Spark SQL 能够通过 DataFrame 和 DataSet 操作多种数据源执行 SQL 查询，并且提供了多种数据源之间的转换方式。本节讲解 Spark SQL 操作 MySQL、Hive 两种常见数据源的方法。

### 7.3.1 MySQL 数据源操作

Spark SQL 可以通过 JDBC 从关系数据库中读取数据创建 DataFrame，通过对 DataFrame 进行一系列操作后，还可以将数据重新写入关系数据库中，当使用 JDBC 访问其他数据库时，应该首选 JDBC RDD。这是因为结果是以数据集合（DataFrame）返回的，且这样 Spark SQL 操作轻松或便于连接其他数据源。

#### 1. 读取 MySQL 数据库

通过 navicat 或者 SQLyog 工具远程连接 Master 节点的 MySQL 服务，利用可视化界面创建名为 spark_sql 的数据库，并创建 person 表，向表中添加数据。同样可以使用命令的方式创建数据库、数据表以及数据插入。命令如下：

```
mysql> mysql-u root-p
mysql> create database spark_sql;
mysql> use spark_sql;
mysql> create table person(id int,name char(20),age int);
mysql> insert into person value(1,'Tom',18);
mysql> insert into person value(2,'Andy',19);
mysql> insert into person value(3,'Justin',20);
mysql> insert into person value(4,'Michael',21);
mysql> insert into person value(5,'Jones',22);
mysql> insert into person value(6,'Williams',23);
mysql> select * from person;
```

数据库与表准备好之后，想要使用 Spark SQL API 访问数据库需要添加 MySQL 相关的依赖，在 pom.xml 中加入如下依赖。

```xml
<dependency>
    <groupId>mysql</groupId>
    <artifactId>mysql-connector-java</artifactId>
    <version>5.1.38</version>
</dependency>
```

依赖添加完后就可以编写代码查询 MySQL 中的数据。代码如下：

```
import org.apache.spark.sql.SparkSession
```

```
object SelectMySql{
    def main(args: Array[String]): Unit={
        val spark=SparkSession.builder().appName("SelectMySql").master("local").
            getOrCreate()
        val jdcbDF=spark.read
            .format("jdbc")
            .option("url","jdbc: mysql: //192.168.8.5(): 33()6/spark_sql?useUnicode
                =true&characterEncoding=utf-8")         //JDBC 连接的地址
            .option("dbtable","person")                 //表
            .option("user","root")                      //用户名
            .option("passworld","123456")               //密码
            .load()
        jdcbDF.show()
        spark.stop()
    }
}
```

运行上面的代码，控制台输出的内容如图 7-6 所示。

图 7-6  Spark SQL 查询 MySQL 数据

2. 向 MySQL 中写入数据

Spark SQL 不仅可以查询 MySQL 中的数据，还可以将数据写入 MySQL 中。代码如下：

```
import java.util.Properties
import org.apache.spark.sql.{SaveMode,SparkSession}
object InsertMysql{
    def main(args: Array[String]): Unit={
        val spark=SparkSession.builder().appName("InsertMysql").master("local[2]").
            getOrCreate()
        val df=spark.read.option("header","true").csv("C: \\Users\\Administrator
            \\Desktop\\person.csv")
        df.show()
        ////jdbc 连接的地址
```

```
        val url="jdbc: mysql: //192.168.8.5(): 33()6/spark_sql?useUnicode
            =true&characterEncoding=utf-8"
        val propties=new Properties()
        //用户名
      propties.put("user","root")
        //密码
      propties.put("passworld","123456")
      df.write.mode(SaveMode.Append).jdbc(url,"person",propties)
      spark.stop()
    }
}
```

运行上面的代码，可以看到读取出了 Person.csv 文件中的内容，如图 7-7 所示。

图 7-7 Person.csv 文件内容

此时，可以再运行一遍查询的代码或者使用命令的方式查看 person 表中的内容，如图 7-8 所示。

图 7-8 查看 Person 表中的内容

从图 7-8 可以看出，新数据已经被成功写入到 person 表中。

## 7.3.2 Hive 数据源操作

Spark SQL 支持对 Hive 中存储的数据进行读/写。下面介绍通过 Spark SQL 操作 Hive 数据仓库的具体步骤。

## 1. 环境准备

Hive 采用 MySQL 数据库存放 Hive 元数据,为了能够让 Spark 访问 Hive,需要将 MySQL 驱动包复制到 Spark 安装路径下的 jars 目录下。命令如下:

```
Cp mysql-connector-java-5.1.32.jar /usr/local/app/spark-2.3.2-bin-hadoop2.7/jars/
```

如果要把 Spark SQL 连接到一个部署好的 Hive,需要把 hive-site.xml 配置文件复制到 Spark 的配置文件目录中。命令如下:

```
cp /usr/local/app/apache-hive-1.2.1-bin/conf/hive-site.xml /usr/local/app
   /spark-2.3.2-bin-hadoop2.7/conf/
```

## 2. 创建数据库与表

配置完成后启动 Hive 创建对应的数据库与表。命令如下:

```
# 启动 Hive
./hive
# 创建数据库
hive> create database sparksql;
# 切换数据库
hive> use sparksql;
# 创建表
hive> create table person(id int,name string,age int);
# 插入数据
hive> insert into person values(1,"Tom",18);
hive> insert into person values(2,"Andy",19);
hive> insert into person values(3," Justin" ,20);
```

## 3. Spark SQL 操作 Hive 数据库

执行 Spark-Shell,首先进入 sparksql 数据库,查看当前数据仓库中是否有 person 表。代码如下:

```
./spark-shell
scala> spark.sql("use sparksql").show
res(): org.apache.spark.sql.DataFrame=[]
scala> spark.sql("show tables").show
+--------+---------+-----------+
|database|tableName|isTemporary|
+--------+---------+-----------+
|sparksql|   person|      false|
+--------+---------+-----------+
```

## 4. 向表中插入数据

在插入数据之前先查看表中的数据。代码如下:

```
scala> spark.sql("select * from person").show
+---+------+---+
| id|  name|age|
+---+------+---+
```

```
| 1|   Tom| 18|
| 2|  Andy| 19|
| 3|Justin| 20|
+---+------+---+
```

下面插入三条数据到 person 表中。代码如下:

```
scala>import java.util.Properties
scala>import org.apache.spark.sql.types._
scala>import org.apache.spark.sql.Row
# 创建数据
scala>val personRDD=spark.sparkContext.parallelize(Array("4 Michael 21",
      "5 Jones 22","6 Williams 23")).map(_.split(" "))
# 设置 personRDD 的 schema
scala>val schema=StructType(List(StructField("id",IntegerType,true),StructField
      ("name",StringType,true),StructField("age",IntegerType,true)))
# 创建 Row 对象,每个 Row 对象都是 RDD 中的一行
scala>val rowRDD=personRDD.map(p=>Row(p(()).toInt,p(1).trim,p(2).toInt))
# 建立 RDD 与 schema 的联系,创建 DataFrame
scala>val personDF=spark.createDataFrame(rowRDD,schema)
# 注册临时表
scala>personDF.registerTempTable("n_person")
# 数据插入
scala>spark.sql("insert into sparksql.person select * from n_person")
# 查询数据
scala>spark.sql("select * form sparksql.person").show()
```

## 7.4 Spark SQL 应用案例

### 7.4.1 用 Spark SQL 实现单词统计

(1) 统计内容

这里主要介绍在 IDEA 中开发 Spark SQL 案例 -WordCount,以 SQL 和 DSL 两种方式实现。

(2) 统计目的

熟悉 Spark SQL 的 SQL 和 DSL 的使用方法和区别。

(3) 参考步骤

① 用 SQL 方式实现 WordCount。在 spark_wc 项目下新建名为 WordCount07 的 Scala 类,以 SQL 语句读取项目下的 words.txt。代码如下:

```
import org.apache.spark.sql.{DataFrame,Dataset,SparkSession}
object WordCount07{
    def main(args: Array[String]): Unit={
```

```scala
    /**
      * 创建 SparkSession 环境
      */
    val spark: SparkSession=SparkSession
        .builder()
        .appName("sql")
        .master("local[*]")
        .getOrCreate()
    // 读取文件构建 DF
    val linesDF: DataFrame=spark
        .read
        .format("csv")// 指定读取文件的格式
        .option("sep"," ")// 指定分隔方式和分隔符
        .schema("line STRING")// 指定字段名和字段类型，用空格分开
                             //（当字段只有一个时，用 line）
        .load("data/input/words.txt")// 指定读取文件的路径，用来加载
    //linesDF.show()
    /**
      * 通过写 SQL，统计单词数量
      * 如果写 SQL，需要先注册一张表
      */
// 将 DF 注册成一张表 ( 临时视图 )
linesDF.createOrReplaceTempView("t_words")
// 编写 SQL
//spark.sql("SQL 语句 ") 这样写 SQL 代码会很难看，使用下面这种：括号内输入 3 个双引号回车
    val countDF: DataFrame=spark.sql(
        """
          |select
          |word,count(1)as wordNum
          |from(
          |select
          |explode(split(line,',')) as word
          |from
          |lines)as t
          |group by word
          |""".stripMargin)
    countDF.show()
    }
}
```

运行结果如图 7-9 所示。

# 第 7 章　Spark SQL

```
+----+-------+
|word|wordNum|
+----+-------+
|   3|      4|
|   0|      1|
|   e|      1|
|   1|      3|
|   b|      1|
|   4|      1|
|   2|      1|
+----+-------+
```

图 7-9　运行结果（一）

Spark SQL 属于代码 +SQL 一起编写，当使用 Spark SQL 时，环境和入口和 Spark 之前的不一样，SparkSQL 需要设置分区数（默认是 200 个分区）。如果不设置，在 Shuffle 之后默认 200 个分区，执行代码太慢，而且在保存数据时，还会生成很多个文件。参数设置如下：

```
SparkSession.config("spark.sql.shuffle.partitions",1)
```

②用 DSL 方式实现 WordCount。在 spark_wc 项目下新建名为 WordCount08 的 scala 类，以 SQL 语句读取项目下的 words.txt。代码如下：

```scala
import org.apache.spark.sql.{DataFrame,SaveMode,SparkSession}
object WordCount08{
    def main(args: Array[String]): Unit={
      /**
       * 创建 SparkSession 环境
       */
      val spark: SparkSession=SparkSession
        .builder()
        .appName("sql")
        .master("local[*]")
        .getOrCreate()
      // 读取文件构建 DF
      val linesDF: DataFrame=spark
        .read
        .format("csv")// 指定读取文件的格式
        .option("sep"," ")// 指定分割方式和分隔符
        .schema("line STRING")// 指定字段名和字段类型，用空格分开（当字段只有一个，用 line)
        .load("data/input/words.txt")// 指定读取文件的路径，用来加载
      /**
       * DSL: 类 SQL(介于代码和 SQL 之间的语法)
       * 1.DSL 不需要创建表
       * 2.在 Spark 中使用 DSL 需要导入包
       * 3.在 DSL 中不需要子查询嵌套
       * 4.DSL 中使用字段名需要加 $
       * 5.DSL 执行顺序：从上往下
       *    SQL 执行顺序：从内往外
```

```
 *  6.DSL 分组——groupBy
 *    SQL 分组——group by
 */
// 导入包：导入 SQL 所有的函数
import org.apache.spark.sql.functions._
// 导入隐式转换
import spark.implicits._
val dslCount: DataFrame=linesDF
    .select(explode(split($"line",","))as "word")
    .groupBy($"word")
    .count()
dslCount.show()
    }
}
```

运行结果如图 7-10 所示。

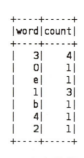

图 7-10  运行结果（二）

### 7.4.2  电影数据分析

1. 分析内容

这里主要介绍在 IDEA 中使用 SparkSQL 实现电影评分数据分析，获取评分次数大于 200 的电影评分 Top10。

2. 分析目的

掌握 DSL 编程和 SQL 编程。

3. 代码实现

①在平台中下载（wget 方式）rating_100k.data 数据文件，放入项目下的 input 目录下，如图 7-11 所示。数据说明如图 7-12 所示。

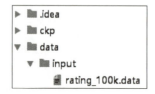

图 7-11  项目结构　　　　　图 7-12  数据说明

②在 spark_wc 项目下新建名为 MovieDataAnalysis 的 Scala 类，完成电影数据分析。代码如下：

```scala
import org.apache.spark.SparkContext
import org.apache.spark.sql.{DataFrame,Dataset,SparkSession}
object MovieDataAnalysis{
  def main(args: Array[String]): Unit={
    //TODO 0.准备环境
    val spark: SparkSession=SparkSession.builder().appName("sparksql").
           master("local[*]")
      .config("spark.sql.shuffle.partitions","4")// 本次将分区数设置小一点，实际开发中
                                                 // 可以根据集群规模调整大小，默认 200
      .getOrCreate()
    val sc: SparkContext=spark.sparkContext
    sc.setLogLevel("WARN")
    import spark.implicits._
    //TODO 1.加载数据
    val ds: Dataset[String]=spark.read.textFile("data/input/rating_100k.data")
    //TODO 2.处理数据
    val movieDF: DataFrame=ds.map(line=>{
    val arr: Array[String]=line.split("\t")
    (arr(1),arr(2).toInt)
    }).toDF("movieId","score")
    movieDF.printSchema()
    movieDF.show()
    // 需求：统计评分次数>200 的电影平均分 Top10
    //TODO ======SQL
    // 注册表
    movieDF.createOrReplaceTempView("t_movies")
    val sql: String=
        """
         |select movieId,avg(score)as avgscore,count(*)as counts
         |from t_movies
         |group by movieId
         |having counts>200
         |order by avgscore desc
         |limit 10
         |""".stripMargin
    spark.sql(sql).show()
    //TODO ======DSL
    import org.apache.spark.sql.functions._
    movieDF.groupBy('movieId)
      .agg(
        avg('score)as "avgscore",
        count("movieId")as "counts"
```

```
    ).filter('counts > 200)
    .orderBy('avgscore.desc)
    .limit(10)
    .show()
  //TODO 3.输出结果
  //TODO 4.关闭资源
    spark.stop()
  }
}
```

运行结果如图 7-13、图 7-14 所示。

```
root
 |-- movieId: string (nullable = true)
 |-- score: integer (nullable = false)

+-------+-----+
|movieId|score|
+-------+-----+
|    242|    3|
|    302|    3|
|    377|    1|
|     51|    2|
|    346|    1|
|    474|    4|
|    265|    2|
|    465|    5|
|    451|    3|
|     86|    3|
|    257|    2|
|   1014|    5|
|    222|    5|
|     40|    3|
|     29|    3|
|    785|    3|
|    387|    5|
|    274|    2|
|   1042|    4|
|   1184|    2|
+-------+-----+
only showing top 20 rows
```

图 7-13 运行结果（一）

```
+-------+-------------------+------+        +-------+-------------------+------+
|movieId|           avgscore|counts|        |movieId|           avgscore|counts|
+-------+-------------------+------+        +-------+-------------------+------+
|    318|  4.466442953020135|   298|        |    318|  4.466442953020135|   298|
|    483|   4.45679012345679|   243|        |    483|   4.45679012345679|   243|
|     64|  4.445229681978798|   283|        |     64|  4.445229681978798|   283|
|    603| 4.3875598086124405|   209|        |    603| 4.3875598086124405|   209|
|     12|  4.385767790262173|   267|        |     12|  4.385767790262173|   267|
|     50| 4.3584905660377355|   583|        |     50| 4.3584905660377355|   583|
|    427|  4.292237442922374|   219|        |    427|  4.292237442922374|   219|
|    357|  4.291666666666667|   264|        |    357|  4.291666666666667|   264|
|     98|   4.28974358974359|   390|        |     98|   4.28974358974359|   390|
|    127|  4.283292978208232|   413|        |    127|  4.283292978208232|   413|
+-------+-------------------+------+        +-------+-------------------+------+
```

图 7-14　运行结果（二）

## 小　结

本章学习了 Spark SQL，这是一种使用 SQL 和数据框架来操作结构化数据的 API。

首先，介绍了 Spark SQL 的基本概念和架构；讨论了 Spark SQL 的组件，包括 SQL 解析器、逻辑计划生成器、物理计划生成器和执行器；介绍了 Spark SQL 的数据源 API，包括读取和写入数据。

其次，讨论了如何使用 Spark SQL 查询和操作结构化数据；介绍了如何使用 SQL 和 Spark SQL 的数据框架来处理数据，并演示了一些示例查询和操作。

最后，介绍了如何使用 Spark SQL 的数据源 API 来读取和写入数据；讨论了 Spark SQL 支持的各种数据格式和数据源，并演示了如何读取和写入数据到不同的数据源。

通过学习本章，可以掌握 Spark SQL 的基本概念和架构，了解如何使用 SQL 查询语言和数据框架来查询和操作结构化数据，以及如何使用数据源 API 和用户定义函数来扩展 Spark SQL 的功能。此外，还可以了解 Spark SQL 的高级功能，包括窗口函数、聚合函数和分组集等。

## 习　题

将下列 JSON 格式数据复制到 Linux 系统中，并保存命名为 employee.json。

```
{ "id": 1,"name": " Ella","age": 36 }
{ "id": 2,"name": "Bob","age": 29 }
{ "id": 3,"name": "Jack","age": 29 }
{ "id": 4,"name": "Jim","age": 28 }
{ "id": 4,"name": "Jim","age": 28 }
{ "id": 5,"name": "Damon" }
{ "id": 5,"name": "Damon"}
```

为 employee.json 创建 DataFrame，并写出 Python 语句完成下列操作：

（1）查询所有数据。

（2）查询所有数据，并去除重复的数据。

（3）查询所有数据，打印时去除 id 字段。

（4）筛选出 age>30 的记录。

（5）将数据按 age 分组。

（6）将数据按 name 升序排列。

（7）取出前 3 行数据。

（8）查询所有记录的 name 列，并为其取别名为 username。

（9）查询年龄 age 的平均值。

（10）查询年龄 age 的最小值。

# 第 8 章

# Spark Streaming

## 学习目标

- 了解 Spark Streaming。
- 掌握 DStream 转换操作及输出。

## 素质目标

- 具备使用 Spark Streaming 进行实时数据处理和分析的能力，能够使用 Spark Streaming 解决实际问题。
- 具备处理实际问题的能力，能够设计和实现实时数据处理系统，根据实际需求设计和开发基于 Spark Streaming 的数据处理系统。
- 具备熟练的沟通能力，能够与数据工程师和业务人员进行沟通，理解他们的需求并提供相应的实时数据处理和分析服务。

Spark Streaming 是一套框架，是 Spark 核心 API 的一个扩展，可以实现高吞吐量的、具备容错机制的实时流数据处理。

Spark Streaming 接收 Kafka、Flume、HDFS 等各种来源的实时输入数据，进行处理后，处理结构保存在 HDFS、DataBase 等各种地方。

Spark 处理的是批量的数据（离线数据），Spark Streaming 实际上并不是像 Strom 一样来一条数据处理一条，而是对接的外部数据流之后按照时间切分，批处理一个个切分后的文件，与 Spark 处理逻辑是相同的。

Spark Streaming 将接收到的实时流数据，按照一定时间间隔，对数据进行拆分，交给 Spark Engine 引擎，最终得到一批批的结果。

# 8.1 认识 Spark Streaming

## 8.1.1 流式计算简介

#### 1. 流式计算诞生背景

在日常生活中，通常会先把数据存储在一张表中，然后再进行加工、分析，这里就涉及一个时效性的问题。如果处理以年、月为单位的级别数据，那么对数据的实时性要求并不高；但如果处理的是以天、小时，甚至分钟为单位的数据，那么对数据的时效性要求就比较高。在第二种场景下，如果仍旧采用传统的数据处理方式，统一收集数据，存储到数据库中，之后再进行分析，就可能无法满足时效性要求。

在传统的数据处理流程中，总是先收集数据，然后将数据放到数据库中。当人们需要时通过数据库对数据进行查询，得到答案或进行相关的处理。这样看起来虽然非常合理，但是结果却非常紧凑。这就引出了一种新的数据计算结构——流计算方式。它可以很好地对大规模流动数据在不断变化的运动过程中实时地进行分析，捕捉到可能有用的信息，并把结果发送到下一计算节点。

在海量数据处理领域，Hadoop 不仅可以用来存储海量数据，还可以用来计算海量数据。因为其高吞吐、高可靠等特点，很多互联网公司都已经使用 Hadoop 来构建数据仓库，高频使用并促进了 Hadoop 生态圈的各项技术的发展。一般来讲，根据业务需求，数据的处理可以分为离线处理和实时处理。在离线处理方面，Hadoop 提供了很好的解决方案，但是针对海量数据的实时处理却一直没有比较好的解决方案。就在人们翘首以待的时间节点，Storm 横空出世，它具有分布式、高可靠、高吞吐的特性，渐渐成了流式计算的首选框架。

#### 2. 流式计算主要应用场景

流式处理可用于两种不同场景：事件流和持续计算。

（1）事件流

事件流能够持续产生大量的数据，这类数据最早出现于传统的银行和股票交易领域，也在互联网监控、无线通信网等领域出现，需要以近实时的方式对更新数据流进行复杂分析，如趋势分析、预测、监控等。简单地说，事件流采用的是查询保持静态、语句是固定的、数据不断变化的方式。

（2）持续计算

对于大型网站的流式数据：网站的访问 PV/UV、用户访问了什么内容、搜索了什么内容等，实时的数据计算和分析可以动态实时地刷新用户访问数据，展示网站实时流量的变化情况，分析每天各小时的流量和用户分布情况。

例如金融行业，毫秒级延迟的需求至关重要。一些需要实时处理数据的场景也可以应用 Spark 等，例如，根据用户行为产生的日志文件进行实时分析，对用户进行商品的实时推荐等。

#### 3. 流式计算的价值

通过大数据处理可以获取数据的价值，但是数据的价值是恒定不变的吗？显然不是，一些数据在事情发生后不久就有了更高的价值，而且这种价值会随着时间的推移而迅速减少。流处理的关键优势在于它能够更快地提供洞察力，通常在毫秒到秒之间。

# 第 8 章 Spark Streaming

流式计算的价值在于业务方可在更短的时间内挖掘业务数据中的价值，并将这种低延迟转化为竞争优势。例如，在使用流式计算的推荐引擎中，用户的行为偏好可以在更短的时间内反映在推荐模型中，推荐模型能够以更低的延迟捕捉用户的行为偏好以提供更精准、及时的推荐。

流式计算能做到这一点的原因在于，传统的批量计算需要进行数据积累，在积累到一定量的数据后再进行批量处理；而流式计算能做到数据随到随处理，有效降低了处理延时。

## 8.1.2 Spark Streaming 简介

### 1. 基本概念

Spark Streaming 是构建在 Spark 上的实时计算框架，它扩展了 Spark 处理大规模流式数据的能力。Spark Streaming 可结合批处理和交互查询，适合一些需要对历史数据和实时数据进行结合分析的应用场景。

Spark Streaming 是 Spark 的核心组件之一，为 Spark 提供了可拓展、高吞吐、容错的流计算能力。Spark Streaming 可整合多种输入数据源，如 Kafka、Flume、HDFS，甚至是普通的 TCP 套接字。经处理后的数据可存储至文件系统、数据库，或显示在仪表盘里。

Spark Streaming 是 Spark core API 的扩展，支持实时数据流的处理，并且具有可扩展、高吞吐量、容错的特点。Spark Streaming 具有如下显著特点：

（1）易用性

可以像编写离线批处理一样去编写流式程序，支持 Java/Scala/Python 编程语言。

（2）容错性

Spark Streaming 在没有额外代码和配置的情况下可以恢复丢失的工作。

（3）易整合性

流式处理与批处理和交互式查询相结合非常方便。

### 2. Spark Streaming 核心术语

（1）离散流

离散流（DStream）是 Spark Streaming 对内部持续的实时数据流的抽象描述，即处理的一个实时数据流，在 Spark Streaming 中对应于一个 DStream 实例。

（2）批数据

批数据（Batch Data）是化整为零的第一步，将实时流数据以时间片为单位进行分批，将流处理转化为时间片数据的批处理。

（3）时间片或批处理时间间隔

时间片或批处理时间间隔（Batch Interval）是人为地对流数据进行定量的标准，以时间片作为拆分流数据的依据。一个时间片的数据对应一个 RDD 实例。

（4）窗口长度

窗口长度（window length）是一个窗口覆盖的流数据的时间长度。必须是批处理时间间隔的倍数。

（5）滑动时间间隔

滑动时间间隔是指前一个窗口到后一个窗口所经过的时间长度，必须是批处理时间间隔的倍数。

（6）Input DStream

一个 Input DStream 是一个特殊的 DStream，将 Spark Streaming 连接到一个外部数据源来读取数据。

### 8.1.3 Spark Streaming 工作原理

Spark Streaming 支持从多种数据源提取数据，如 Kafka、Flume、ZeroMQ、Kinesis 以及 TCP 套接字，并且可以提供一些高级 API 来表达复杂的处理算法，如 Map、Reduce、Join 和 Window 等。最后，Spark Streaming 支持将处理完的数据推送到文件系统、数据库或者实时仪表盘中展示。Spark Streaming 的流处理框架如图 8-1 所示。

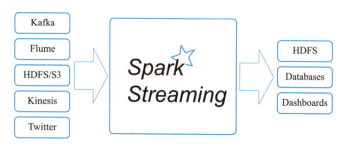

图 8-1　Spark Streaming 流处理框架

详细的处理流程如图 8-2 所示，Spark Streaming 接收实时数据流输入的数据流后，再将其划分为一个个 Batch（小批次）数据流供后续 Spark Engine 处理，所以实际上，Spark Streaming 是按一个个 Batch 来处理数据流的，这里的批处理引擎是 SparkCore，也就是把 Spark Streaming 的输入数据按照 Batch Size（如一秒）分成一段一段的数据，每一段数据都转换成 Spark 中的 RDD，然后将 Spark Streaming 中对 DStream 中的 Transformation（转化）操作变为针对 Spark 中对 RDD 的 Transformation 操作，将 RDD 经过操作变成中间结果保存在内存中。整个流式计算根据业务的需求可以对中间的结果进行缓存或者存储到外围设备。

图 8-2　Spark Streaming 数据处理流程

## 8.2　DStream

### 8.2.1　DStream 简介

Spark Streaming 提供了一种高级的抽象，称为 DStream（discretized stream，离散流），它代表了一个持续不断的数据流。DStream 可以通过输入数据源来创建，如 Kafka、Flume 和 Kinesis；也可以通过对其他 DStream 应用高阶函数来创建，如 Map、Reduce、Join、Window。

DStream 的内部是一系列持续不断产生的 RDD。RDD 是 SparkCore 的核心抽象，即不可变的、分布式的数据集。DStream 中的每个 RDD 都包含了一个时间段内的数据。

DStream 是 Spark 中继 SparkCore 的 RDD、Spark SQL 的 DataFrame 和 DataSet 后又一基础的数据类型，是 Spark Streaming 特有的数据类型。DStream 代表了一系列连续的 RDD，DStream 中每个 RDD

# 第 8 章  Spark Streaming

包含特定时间间隔的数据，存储方式为 HashMap<Time，RDD>。其中，Time 为时间序列，RDD 是 SparkCore 的基础数据结构。DStream 的结构如图 8-3 所示。

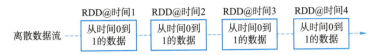

图 8-3　DStream 结构

从图 8-3 可以看出，DStream 的内部结构是由一系列连续的 RDD 组成，每个 RDD 都是一小段由时间分隔开的数据集。实际上，对 DStream 的任何操作最终都会变成对底层 RDD 的操作。

## 8.2.2　DStream 转换操作

DStream 上的原语与 RDD 的类似，分为 Transformations（转换）和 Output Operations（输出）两种，此外转换操作中还有一些比较特殊的原语，如 updateStateByKey()、transform() 以及各种 Window 相关的原语。表 8-1 所示为 DStream API 提供的与转换操作相关的方法。

表 8-1　DStream API 提供的与转换操作相关的方法

| 方法名称 | 描　　述 |
| --- | --- |
| map（func） | 通过将源 DStream 的每个元素传递给函数 func 来返回新的 DStream |
| flatMap（func） | 与 map 相似，不同的是每个输入元素可以被映射出 0 或者更多的输出元素 |
| filter（func） | 通过仅选择 func 返回 true 的源 DStream 的记录来返回新的 DStream |
| repartition（numPartitions） | 通过创建更多或更少的分区来更改此 DStream 中的并行度 |
| union（otherStream） | 返回一个新的 DStream，其中包含源 DStream 和 otherDStream 中的元素的并集 |
| count() | 通过计算源 DStream 的每个 RDD 中的元素数，返回一个新的单元素 RDD DStream |
| reduce（func） | 通过使用函数 func（带有两个参数并返回一个）来聚合源 DStream 的每个 RDD 中的元素，从而返回一个单元素 RDD 的新 DStream。该函数应具有关联性和可交换性，以便可以并行计算 |
| countByValue() | 在类型为 K 的元素的 DStream 上调用时，返回一个新的（K，Long）对的 DStream，其中每个键的值是其在源 DStream 的每个 RDD 中的频率 |
| reduceByKey（func，[numTasks]） | 在（K，V）对的 DStream 上调用时，返回一个新的（K，V）对的 DStream，其中使用给定的 Reduce 函数聚合每个键的值。注意：默认情况下，这使用 Spark 的默认并行任务数（本地模式为 2，而在集群模式下，此数量由 config 属性确定 spark.default.parallelism）进行分组。可以传递一个可选 numTasks 参数来设置不同数量的任务 |
| join（otherStream，[numTasks]） | 当在（K，V）和（K，W）对的两个 DStream 上调用时，返回一个新的（K，（V，W））对的 DStream，其中每个键都有所有元素对 |
| cgroup（otherStream，[numTasks]） | 在（K，V）和（K，W）对的 DStream 上调用时，返回一个新的（K，Seq [V]，Seq [W]）元组的 DStream |
| transform（func） | 通过对源 DStream 的每个 RDD 应用 RDD-to-RDD() 函数来返回新的 DStream。这可用于在 DStream 上执行任意 RDD 操作 |

续表

| 方法名称 | 描述 |
| --- | --- |
| updateStateByKey（func） | 返回一个新的"状态"DStream，在该DStream中，通过在键的先前状态和键的新值上应用给定函数来更新每个键的状态。这可用于维护每个键的任意状态数据 |

在表8-1中，列举了一些DStream API提供的与转换操作相关的方法。与RDD API有些不同，这里有两个比较特殊的算子transform（func）、updateStateByKey（func）。下面详细介绍这两个算子。

### 1. transform（func）

在Spark-Streaming官方文档中提到，DStream的transform操作极大地丰富了DStream上能够进行的操作内容。使用transform操作后，除了可以使用DStream提供的一些转换方法之外，还能够直接任意地调用RDD上的操作函数。下面演示如何使用transform将一行语句切分成多个单词。

① 在任一节点执行nc-lk 9999命令启动服务端并监听Socket服务（即Scoket服务端口为9999），并输入数据Hadoop Hive Spark Flink，如果出现没有nc命令的错误，可以使用yum命令下载（yum install-y nc）。具体命令如下：

```
[root@master ~]# nc-lk 9999
Hadoop Hive Spark Flink
```

② 打开IDEA开发工具，创建名为spark_dstream的maven项目。

③ 配置pom.xml文件，引入Spark Streaming相关依赖。具体内容如下：

```xml
<dependency>
    <groupId>org.apache.spark</groupId>
    <artifactId>spark-streaming_2.11</artifactId>
    <version>2.3.2</version>
</dependency>
```

④ 在scala目录下创建名为com.wz的包，在包下创建TransFormDemo.scala实现切分一行语句为多个单词的功能。具体代码如下：

```scala
import org.apache.spark.SparkConf
import org.apache.spark.streaming.{Seconds,StreamingContext}
object TransFormDemo{
  def main(args: Array[String]): Unit={
    // 创建SparkConf对象
    val conf=new SparkConf().setMaster("local[2]").setAppName("TransForm")
    //val sc=new SparkContext(conf)
    // 创建StreamingContext，需要两个参数，分别为SparkConf和批处理间隔
    val ssc=new StreamingContext(conf,Seconds(5))
    // 设置Socket连接信息，包括主机地址，端口号，存储级别（默认）
    val lines=ssc.socketTextStream("192.168.8.5()",9999)
    // 遍历切分语句
    val worlds=lines.transform(rdd=>rdd.flatMap(_.split(" ")))
    // 打印信息
```

```
    worlds.print()
    // 开启流计算
    ssc.start()
    // 保持程序运行,除非手动停止
    ssc.awaitTermination()
  }
}
```

运行上面的代码,输出结果如图 8-4 所示。

图 8-4　transfrom 结果输出

### 2. updateStateByKey（func）

updateStateByKey 会统计全局的 key 的状态,不管有无数据输入,它都会在每一个批次间隔返回之前的 key 的状态。updateStateByKey 会对已存在的 key 进行 state 的状态更新,同时还会对每个新出现的 key 执行相同的更新函数操作。如果通过更新函数对 state 更新后返回 none,此时 key 对应的 state 状态会被删除（state 可以是任意类型的数据的结构）。

下面演示如何通过 updateStateByKey 实现单词统计。在 com.wz 包下创建 UpdateStateByKeyDemo.scala 实现单词统计,代码如下:

```
import org.apache.spark.SparkConf
import org.apache.spark.streaming.{Seconds,StreamingContext}
object UpdateStateByKeyDemo{
    def main(args: Array[String]): Unit={
      // 创建 SparkConf 对象
      val sparkConf=new SparkConf().setAppName("UpdateStateByKey").
                setMaster("local[2]")
      // 创建 StreamingContext,需要两个参数,分别为 SparkConf 和处理间隔
      val ssc=new StreamingContext(sparkConf,Seconds(5))
      // 设置检查点
      ssc.checkpoint("./")
      // 设置 Socket 连接信息,包括主机地址,端口号,存储级别(默认)
      val lines=ssc.socketTextStream("192.168.8.50",9999)
      // 按空格切分每一行数据,并将每一个单词记为 1
      val worldAndOne=lines.flatMap(_.split(" ")).map(world =>(world,1))
      // 统计单词出现的次数
      val state=worldAndOne.updateStateByKey(updateFunction _)
      // 打印结果
```

```
        state.print()
        // 开启流计算
        ssc.start()
        // 保证程序运行，除非手动停止
        ssc.awaitTermination()
    }

    def updateFunction(currentValues: Seq[Int],preValues: Option[Int]):
                    Option[Int]={
        val current=currentValues.sum
        val pre=preValues.getOrElse(0)
        Some(current+pre)
    }
}
```

运行上面的代码，在任一节点执行 nc-lk 9999 命令，输入单词，结果如图 8-5 所示。

图 8-5　updateStateByKey 结果输出

### 8.2.3　DStream 输出

Output Operations 可以将 DStream 的数据输出到外部的数据库或文件系统，当某个 Output Operations 原语被调用时（与 RDD 的 Action 相同），Streaming 程序才会开始真正的计算过程。也就是说，在 SparkStreaming 中，DStream 的输出操作是真正触发 DStream 上所有转换操作进行计算（类似于 RDD 中的 Action 算子操作）的操作，然后经过输出操作，DStream 中的数据才能与外部进行交互，如将数据写入分布式文件系统、数据库以及其他应用中。

表 8-2 所示为 DStream API 提供的与输出操作相关的方法。

表 8-2　DStream API 提供的与输出操作相关的方法

| 方　　法 | 描　　述 |
|---|---|
| print() | 在运行流应用程序的驱动程序节点上，打印 DStream 中每批数据的前十个元素，这对于开发和调试很有用 |
| saveAsTextFiles（prefix,[suffix]） | 将此 DStream 的内容另存为文本文件。基于产生在每批间隔的文件名的前缀和后缀：prefix-TIME_IN_MS [.suffix] |

## 第 8 章 Spark Streaming

续表

| 方法 | 描述 |
|---|---|
| saveAsObjectFiles（prefix,[suffix]） | 将此 DStream 的内容保存为 SequenceFiles 序列化 Java 对象的内容。基于产生在每批间隔的文件名的前缀和后缀：prefix-TIME_IN_MS [.suffix] |
| saveAsHadoopFiles（prefix,[suffix]） | 将此 DStream 的内容另存为 Hadoop 文件。基于产生在每批间隔的文件名的前缀和后缀：prefix-TIME_IN_MS [.suffix] |
| foreachRDD（func） | 最通用的输出运算符，将函数 func 应用于从流生成的每个 RDD。此功能应将每个 RDD 中的数据推送到外部系统，例如将 RDD 保存到文件或通过网络将其写入数据库。注意，函数 func 在运行流应用程序的驱动程序进程中执行，并且通常在其中具有 RDD 操作，这将强制计算流 RDD |

在表 8-2 中列举出了一些 DStream API 提供的与输出操作相关的方法。其中，prefix 必须设置，表示文件夹名称的前缀；[.suffix] 是可选的，表示文件夹名称的后缀。

下面演示如何使用 saveAsTextFiles 将 NC 交互界面输入的数据保存到 HDFS 的根目录下，并将每个批次的数据单独保存为一个文件夹。具体代码如下：

```
import org.apache.spark.SparkConf
import org.apache.spark.streaming.{Seconds,StreamingContext}
object SaveAsTextFiles{
  def main(args: Array[String]): Unit={
    //设置本地测试环境,否者 hdfs 会拒绝连接
    System.setProperty("HADOOP_USER_NAME","root")
    //创建 SparkConf 对象
    val conf=new SparkConf().setMaster("local[2]").setAppName("SaveAsTextFiles")
    //创建 StreamingContext,需要两个参数,分别为 SparkConf 和处理间隔
    val ssc=new StreamingContext(conf,Seconds(5))
    //设置 Socket 连接信息,包括主机地址,端口号,存储级别(默认)
    val lines=ssc.socketTextStream("192.168.8.50",9999)
    //将输入的数据报错到 hdfs 中,saveAsTextFiles 需要两个参数,前缀为 save,后缀为 txt
    lines.saveAsTextFiles("hdfs: //192.168.8.50: 9000/save","txt")
    //开启流计算
    ssc.start()
    //保证程序运行,除非手动停止
    ssc.awaitTermination()
  }
}
```

运行上面的代码,在 NC 交互界面输入单词,在 HDFS 界面（192.168.8.50：50070）上的效果如图 8-6 所示。

从图 8-6 可以看出目录名都是以 save 为前缀,txt 为后缀,表示 saveAsTextFiles 方法可以将 NC 界面发送的数据成功保存到 HDFS 中。

可以看出,由于在代码中有一句"val ssc=new StreamingContext（conf, Seconds（5））",也就是说,

每隔 5 s 统计一次词频，所以，每隔 5 s 就会生成一次词频统计结果，并输出到 "/" 中，每次生成的 svae 后面会自动加上时间标记（如 1575617950000）。

| drwxr-xr-x | root | supergroup | 0 B | 2019/12/6 下午 3:31:06 | 0 | 0 B | save-1575617950000.txt |
| drwxr-xr-x | root | supergroup | 0 B | 2019/12/6 下午 3:31:10 | 0 | 0 B | save-1575617955000.txt |
| drwxr-xr-x | root | supergroup | 0 B | 2019/12/6 下午 3:31:16 | 0 | 0 B | save-1575617960000.txt |
| drwxr-xr-x | root | supergroup | 0 B | 2019/12/6 下午 3:31:20 | 0 | 0 B | save-1575617965000.txt |

图 8-6　saveAsTextFiles 输出结果

**注意**：虽然把 DStream 输出到 "/" 中，save-1575617950000.txt 的命名看起来像一个文件，但是，实际上，Spark 会生成名称为 save-1575617950000.txt 的目录，而不是文件。

### 8.2.4　Spark Streaming 窗口操作

Streaming 提供了滑动窗口操作的支持，从而可以对一个滑动窗口内的数据执行计算操作。每次掉落在窗口内的 RDD 的数据，会被聚合起来执行计算操作，生成的 RDD 会作为 Windowed DStream 的一个 RDD，如图 8-7 所示。

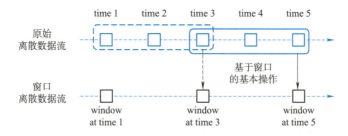

图 8-7　DStream 窗口操作

在图 8-7 中，对每 3 s 的数据执行一次滑动窗口计算，这 3 s 内的 3 个 RDD 会被聚合起来进行处理，然后过了 2 s，又会对最近 3 s 内的数据执行滑动窗口计算。所以每个滑动窗口操作，都必须指定两个参数：窗口长度及滑动间隔，而且这两个参数值都必须是 batch 间隔的整数倍。

表 8-3 所示为 DStrem API 提供的与窗口操作相关的方法。

表 8-3　DStream API 提供的与窗口操作相关的方法

| 方法 | 描述 |
| --- | --- |
| window（windowLength,slideInterval） | 返回基于源 DStream 的窗口批处理计算的新 DStream |
| countByWindow（windowLength,slideInterval） | 返回基于滑动窗口的 DStream 中的元素数 |
| reduceByWindow( func,windowLength,slideInterval） | 返回一个新的单元素流，该流是通过使用 func 在滑动间隔内聚合流中的元素而创建的。该函数应该是关联的和可交换的，以便可以并行地计算 |

## 第 8 章 Spark Streaming

续表

| 方　法 | 描　述 |
|---|---|
| reduceByKeyAndWindow(func,windowLength,slideInterval,[numTasks]) | 在（K, V）对的 DStream 上调用时，返回新的（K, V）对的 DStream，其中使用给定的 Reduce 函数 func 在滑动窗口中的批处理上聚合每个键的值。注意：默认情况下，使用 Spark 默认的并行任务数（本地模式为 2，而在集群模式下，此数量由 config 属性确定 spark.default.parallelism）进行分组。用户可以传递一个可选 numTasks 参数来设置不同数量的任务 |
| reduceByKeyAndWindow(func,invFunc,windowLength,slideInterval,[numTasks]) | 一种更有效的版本，reduceByKeyAndWindow() 中，使用前一个窗口的减少值递增地计算每个窗口的减少值。这是通过减少进入滑动窗口的新数据并"逆向减少"离开窗口的旧数据来完成的。一个示例是在窗口滑动时"增加"和"减少"键的计数。但是，它仅适用于"可逆归约函数"，即具有对应的"逆归约"函数（作为参数 invFunc）的归约函数。像 in 中一样 reduceByKeyAndWindow、reduce 任务的数量可以通过可选参数配置。注意：必须启用检查点才能使用此操作 |
| countByValueAndWindow(windowLength,slideInterval,[numTasks]) | 在（K, V）对的 DStream 上调用时，返回新的（K, V）对的 DStream，其中每个键的值是其在滑动窗口内的频率。ReduceByKeyAndWindow、reduce 任务的数量可以通过可选参数配置 |

下面详细讲解 window() 与 reduceByKeyAndWindow() 的使用。

### 1. window()

该操作由一个 DStream 对象调用，传入一个窗口长度参数、一个窗口移动速率参数，然后将当前时刻当前长度窗口中的元素取出形成一个新的 DStream。

下面演示如何使用 window() 方法操作窗口长度为 3、移动速率为 1、截取 DStream 中的元素形成新的 DStream。代码如下：

```
import org.apache.spark.SparkConf
import org.apache.spark.streaming.{Seconds,StreamingContext}
object DStreamWindow{
    def main(args: Array[String]): Unit={
        // 创建 SparkConf 对象
        val conf=new SparkConf().setAppName("DStream").setMaster("local[2]")
        // 创建 StreamingContext，需要两个参数，分别为 SparkConf 和处理间隔
        val ssc=new StreamingContext(conf,Seconds(1))
        // 设置 Socket 连接信息，包括主机地址、端口号、存储级别（默认）
        val line=ssc.socketTextStream("192.168.8.50",9999)
        // 按空格切分每一行
        val worlds=line.flatMap(_.split(" "))
        // 调用 window 操作，需要两个参数：窗口长度和滑动时间间隔
        val windowworlds=worlds.window(Seconds(3),Seconds(1))
        // 打印结果
        windowworlds.print()
        // 开启流式计算
        ssc.start()
```

```
        // 保证程序运行，除非手动停止
        ssc.awaitTermination()

    }

}
```

运行上述代码，在 NC 交互界面每秒输入一个字母。具体内容如下：

```
[root@master sbin]# nc-lk 9999
a
b
c
d
e
f
```

打开 IDEA 工具，可以看到控制台输出窗口长度为 3 个时间单位的所有元素，输出内容如图 8-8 所示。

图 8-8　window() 方法输出

从图 8-8 中可以看出，基本上每秒输入一个字母，然后取出当前时刻 3 秒这个长度中的所有元素，打印出来。从上面的截图中可以看到，下一秒时已经看不到 a 了，再下一秒，已经看不到 b 和 c 了，表

## 第 8 章 Spark Streaming

示 a、b、c 已经不在当前的窗口中。

### 2. reduceByKeyAndWindow()

调用该操作的 DStream 中的元素格式为（K，V），整个操作类似于前面的 reduceByKey，只不过对应的数据源不同，reduceByKeyAndWindow 的数据源是基于该 DStream 的窗口长度中的所有数据。该操作也有一个可选的并发数参数。

下面通过具体的实例，将当前长度为 3 的时间窗口中的所有数据元素根据 key 进行合并，统计当前 3 s 内不同单词出现的次数。在 com.wz 包下创建 ReduceByKeyAndWindow.scala 来实现单词统计，代码如下：

```scala
import org.apache.spark.streaming.{Seconds,StreamingContext}
import org.apache.spark.{SparkConf,SparkContext}
object ReduceByKeyAndWindow{
    def main(args: Array[String]): Unit={
        // 创建 SparkConf 对象
        val conf=new SparkConf().setAppName("ReduceByKeyAndWindow").
                setMaster("local[2]")
        val sc=new SparkContext(conf)
        sc.setLogLevel("WRAN")
        // 创建 StreamingContext, 需要两个参数，分别为 SparkConf 和处理间隔
        val ssc=new StreamingContext(sc,Seconds(1))
        // 设置 Socket 连接信息，包括主机地址，端口号，存储级别（默认）
        val  lines=ssc.socketTextStream("192.168.8.50",9999)
        // 按空格切分每一行数据
        val worlds=lines.flatMap(_.split(" "))
        // 将每个单词记为 1
        val worldAndOne=worlds.map(x=>(x,1))
        //reduceByKeyAndWindow 操作
        val windowworlds=worldAndOne.reduceByKeyAndWindow((a: Int,b: Int)=>(a+b),
                        Seconds(3),Seconds(1))
        // 打印结果
        windowworlds.print()
        // 开启流计算
        ssc.start()
        // 保证程序运行，除非手动停止
        ssc.awaitTermination()
    }
}
```

运行上述代码，在 NC 交互界面每秒输入一个字母，内容如下：

```
[root@master sbin]# nc-lk 9999
a
a
```

```
b
b
c
```

打开 IDEA，可以看到控制台输出窗口长度为 3 个时间单位内不同字母出现的次数，内容如图 8-9 所示。

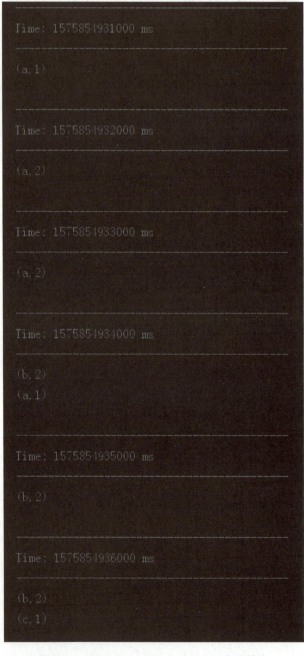

图 8-9  reduceByKeyAndWindow() 方法输出

# 第 8 章 Spark Streaming

在图 8-9 中，当时间为 4 s 时（Time：1575854934000 ms），最前面的字母 a 已经不再显示，所以当前 a 的数量为 1，当时间为 5 s 时（Time：1575854935000 ms），所有的 a 都不再显示，因此不再显示 a 的数量。

## 8.3 Spark Streaming 应用案例

### 8.3.1 Spark Streaming 实现单词统计

Spark Streaming
实现单词统计

1. 统计要求

这里主要介绍在 IDEA 中开发 SparkStreaming-WordCount 案例，从 TCP Socket 数据源实时消费数据，对每批次 Batch 数据进行词频统计。

2. 统计目的

掌握 Spark 窗口计算。

3. 统计步骤

①准备工作。在任一主机上安装 nc 命令：

```
yum install-y nc
```

nc 是 netcat 的简称，原本是用来设置路由器，可以利用它向某个端口发送数据。

② SparkStreaming-WordCount 代码实现。在 spark_wc 项目下新建名为 WordCount01 的 Scala 类，使用 SparkStreaming 接收来自某一主机 9999 端口的数据并做 WordCount。

代码如下：

```scala
import org.apache.spark.streaming.dstream.{DStream,ReceiverInputDStream}
import org.apache.spark.{SparkConf,SparkContext,streaming}
import org.apache.spark.streaming.{Seconds,StreamingContext}
object WordCount01{
    def main(args: Array[String]): Unit={
        //TODO 0.准备环境
        val conf: SparkConf=new SparkConf().setAppName("spark").
                            setMaster("local[*]")
        val sc: SparkContext=new SparkContext(conf)
        sc.setLogLevel("WARN")
        val ssc: StreamingContext=new StreamingContext(sc,Seconds(5))
        // 每隔 5s 划分一个批次
        //TODO 1.加载数据
        val lines ReceiverInputDStream[String]=ssc.socketTextStream("node1",9999)
        //TODO 2.处理数据
        val resultDS: DStream[(String,Int)]=lines.flatMap(_.split(" "))
            .map((_,1))
            .reduceByKey(_+_)
```

```
            //TODO 3.输出结果
            resultDS.print()
            //TODO 4.启动并等待结束
            ssc.start()
            ssc.awaitTermination()//注意:流式应用程序启动之后需要一直运行等待手动停止/等待数据到来
            //TODO 5.关闭资源
            ssc.stop(stopSparkContext=true,stopGracefully=true)    //关闭
        }
}
```

ssc.socketTextStream（"node1"，9999）中的 node1 为安装有 NC 的主机，9999 为监听端口。

运行该代码后，发现 Sparkstreaming 开始进行数据处理，每 5 秒为一个窗口开始计算。由于还没有数据，所有没有计算结果，如图 8-10 所示。

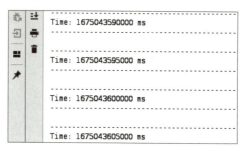

图 8-10　输出内容

启动 netcat，设置端口号为 9999，要与代码中的端口号一致。

```
nc -l 9999
```

在窗口中输入数据，此时发现，只要传输数据，Sparkstreaming 就会接收每个窗口的数据的个数（这里只聚合当前窗口的数据），如图 8-11 所示。

```
[root@node1 ~]# nc -l 9999
a b c d
1 2 3 4
4 3 2 1
Time: 1675043750000 ms
-----------------------
(d,1)
(a,1)
(b,1)
(c,1)

23/01/30 09:55:53 WARN R
23/01/30 09:55:53 WARN B
-----------------------
Time: 1675043755000 ms
-----------------------
(4,1)
(1,1)
(2,1)
(3,1)

23/01/30 09:55:57 WARN R
23/01/30 09:55:57 WARN B
-----------------------
Time: 1675043760000 ms
-----------------------
(4,1)
(1,1)
(2,1)
(3,1)
```

图 8-11　输出内容

## 8.3.2 Spark Streaming 热搜统计

1. 统计内容

这里主要介绍在 IDEA 中开发 SparkStreaming-WordCount 案例，从 TCP Socket 数据源实时消费数据，模拟百度热搜排行榜。

2. 统计目的

熟悉 DStream 的 transform 方法的使用。

3. 统计步骤

在 spark_wc 项目下新建名为 WordCount05 的 scala 类，使用 SparkStreaming 接收来自某一主机 9999 端口的数据并做 WordCount+ 窗口计算。模拟百度热搜排行榜每隔 10 s 计算最近 20 s 的热搜词。

代码如下：

```scala
import org.apache.spark.rdd.RDD
import org.apache.spark.streaming.dstream.{DStream,ReceiverInputDStream}
import org.apache.spark.streaming.{Seconds,StreamingContext}
import org.apache.spark.{SparkConf,SparkContext}
/**
 *
 * Desc 使用SparkStreaming接收node1: 9999的数据并做WordCount+窗口计算
 * 模拟百度热搜排行榜每隔10 s计算最近20 s的热搜词
 */
object WordCount05{
  def main(args: Array[String]): Unit={
    //TODO 0.准备环境
    val conf: SparkConf=new SparkConf().setAppName("spark").
                        setMaster("local[*]")
    val sc: SparkContext=new SparkContext(conf)
    sc.setLogLevel("WARN")
    val ssc: StreamingContext=new StreamingContext(sc,Seconds(5))
    //每隔5 s划分一个批次
    //TODO 1.加载数据
    val lines: ReceiverInputDStream[String]=ssc.socketTextStream("node1",9999)
    //TODO 2.处理数据
    val resultDS: DStream[(String,Int)]=lines.flatMap(_.split(" "))
      .map((_,1))
      // 模拟百度热搜排行榜每隔10 s计算最近20 s的热搜词 Top3
      //windowDuration: Duration,
      //slideDuration: Duration
      .reduceByKeyAndWindow((a: Int,b: Int)=> a+b,Seconds(20),Seconds(10))
    // 注意DStream没有提供直接排序的方法，所以需要直接对底层的RDD操作
    //DStream的transform方法表示对DStream底层的RDD进行操作并返回结果
    val sortedResultDS: DStream[(String,Int)]=resultDS.transform(rdd =>{
      val sortRDD: RDD[(String,Int)]=rdd.sortBy(_._2,false)
```

```
            val top3: Array[(String,Int)]=sortRDD.take(3)
            println("=======top3=====")
            top3.foreach(println)
            println("=======top3=====")
            sortRDD
        })
        //TODO 3.输出结果
        //整体结果
        sortedResultDS.print()
        //TODO 4.启动并等待结束
        ssc.start()
        ssc.awaitTermination()//注意: 流式应用程序启动之后需要一直运行等待手动停止/
                                    //等待数据到来
        //TODO 5.关闭资源
        ssc.stop(stopSparkContext=true,stopGracefully=true)//关闭
    }
}
```

启动 netcat，设置端口号为 9999，要与代码中的端口号一致。

```
nc  -l 9999
```

运行代码，在窗口中输入数据，如图 8-12 所示。

```
[root@node1 ~]# nc -l 9999
房价 房价 房价 房价 房价 房价
发展 发展 发展 发展 发展
寒假 寒假 寒假 寒假
专家 专家 专家
QQ QQ

    =======top3=====
    (房价,6)
    (发展,5)
    (寒假,4)
    =======top3=====
    -----------------------
    Time: 1675299970000 ms
    -----------------------
    (房价,6)
    (发展,5)
    (寒假,4)
    (专家,3)
    (QQ,2)
```

图 8-12　运行结果

其中，top3 中为统计出来的热词，Time 下为整体数据。

### 8.3.3　自定义输出实训

#### 1. 实训内容

这里主要介绍在 IDEA 中开发 SparkStreaming 案例 -WordCount，从 TCP Socket 数据源实时消费数据，

模拟百度热搜排行榜并自定义输出方式。

2. 实训目的

熟悉 SparkStreaming 自定义输出。

3. 实训步骤

在 spark_wc 项目下新建名为 WordCount06 的 Scala 类，使用 SparkStreaming 接收来自某一主机 9999 端口的数据并做 WordCount+ 窗口计算。模拟百度热搜排行榜每隔 10 s 计算最近 20 s 的热搜词，并使用自定义输出将结果输出到控制台、本地文件、HDFS、MySQL。

代码如下：

```scala
import java.sql.{Connection,DriverManager,PreparedStatement,Timestamp}
import org.apache.spark.rdd.RDD
import org.apache.spark.streaming.dstream.{DStream,ReceiverInputDStream}
import org.apache.spark.streaming.{Seconds,StreamingContext}
import org.apache.spark.{SparkConf,SparkContext}
/**
 *
 * Desc 使用SparkStreaming接收node1: 9999的数据并做WordCount+ 窗口计算
 * 模拟百度热搜排行榜每隔10 s 计算最近20 s 的热搜词
 * 最后使用自定义输出将结果输出到控制台/HDFS
 */
object WordCount06{
  def main(args: Array[String]): Unit={
    //TODO 0.准备环境
    val conf: SparkConf=new SparkConf().setAppName("spark").
                        setMaster("local[*]")
    val sc: SparkContext=new SparkContext(conf)
    sc.setLogLevel("WARN")
    val ssc: StreamingContext=new StreamingContext(sc,Seconds(5))
    // 每隔5 s 划分一个批次
    //TODO 1.加载数据
    val lines: ReceiverInputDStream[String]=ssc.socketTextStream("node1",9999)
    //TODO 2.处理数据
    val resultDS: DStream[(String,Int)]=lines.flatMap(_.split(" "))
      .map((_,1))
      // 模拟百度热搜排行榜每隔10 s 计算最近20 s 的热搜词 Top3
      //windowDuration: Duration,
      //slideDuration: Duration
      .reduceByKeyAndWindow((a: Int,b: Int)=> a+b,Seconds(20),Seconds(10))
    // 注意: DStream没有提供直接排序的方法，所以需要直接对底层的RDD操作
    //DStream的transform方法表示对DStream底层的RDD进行操作并返回结果
    val sortedResultDS: DStream[(String,Int)]=resultDS.transform(rdd =>{
      val sortRDD: RDD[(String,Int)]=rdd.sortBy(_._2,false)
      val top3: Array[(String,Int)]=sortRDD.take(3)
```

```scala
            println("=======top3=====")
            top3.foreach(println)
            println("=======top3=====")
            sortRDD
        })
        //TODO 3.输出结果
        sortedResultDS.print()                    // 默认的输出
        // 自定义输出
    sortedResultDS.foreachRDD((rdd,time)=>{
        val milliseconds: Long=time.milliseconds
        println("------ 自定义输出 ---------")
        println("batchtime: "+milliseconds)
        println("------ 自定义输出 ---------")
        // 最后使用自定义输出将结果输出到控制台/HDFS
        // 输出到控制台
        rdd.foreach(println)
        // 输出到文件
        rdd.coalesce(1).saveAsTextFile("data/output/result-"+milliseconds)
        // 输出到HDFS
        rdd.coalesce(1).saveAsTextFile("hdfs: //master: 900/result"+milliseconds)
        // 输出到MySQL
        rdd.foreachPartition(iter=>{
            // 开启连接
            val conn: Connection=DriverManager.getConnection("jdbc: mysql:
                //master: 3306/bigdata?characterEncoding=UTF-8","root","123456")
            val sql: String="INSERT INTO 't_hotwords'('time','word','count')
                    VALUES(?,?,?);"
            val ps: PreparedStatement=conn.prepareStatement(sql)
            iter.foreach(t=>{
                val word: String=t._1
                val count: Int=t._2
                ps.setTimestamp(1,new Timestamp(milliseconds))
                ps.setString(2,word)
                ps.setInt(3,count)
                ps.addBatch()
            })
            ps.executeBatch()
            // 关闭连接
            if(conn!=null)conn.close()
            if(ps!=null)ps.close()
        })
    })
    //TODO 4.启动并等待结束
```

```
        ssc.start()
        ssc.awaitTermination()
                // 注意:流式应用程序启动之后需要一直运行等待手动停止/等待数据到来
        //TODO 5.关闭资源
        ssc.stop(stopSparkContext=true,stopGracefully=true)// 关闭
    }
}
```

在 pom.xml 中加入如下依赖:

```
<dependency>
    <groupId>mysql</groupId>
    <artifactId>mysql-connector-java</artifactId>
    <version>5.1.38</version>
</dependency>
```

创建 MySQL 数据库/表:

```
create database bigdata default character set utf8 collate utf8_general_ci;
use bigdata
CREATE TABLE 't_hotwords'(
  'time' timestamp NOT NULL DEFAULTCURRENT_TIMESTAMP ON UPDATECURRENT_TIMESTAMP,
  'word' varchar(255)NOT NULL,
  'count' int(11)DEFAULT NULL,
  PRIMARY KEY('time','word')
)ENGINE=InnoDB DEFAULTCHARSET=utf8;
```

启动 netcat,设置端口号为 9999,要与代码中的端口号一致。

```
nc -l 9999
```

运行代码,在窗口中输入数据,如图 8-13 所示。

图 8-13　输入内容

可以看到此时项目中出现了结果文件，如图 8-14 所示。

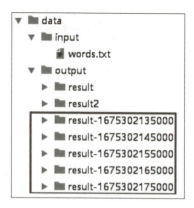

图 8-14　结果文件

查看 HDFS 文件，如图 8-15 所示。

```
[root@node1 ~]# hadoop fs -ls /
Found 5 items
drwxr-xr-x   - root supergroup          0 2023-02-02 10:15 /result1675304105000
drwxr-xr-x   - root supergroup          0 2023-02-02 10:15 /result1675304115000
drwxr-xr-x   - root supergroup          0 2023-02-02 10:15 /result1675304125000
```

图 8-15　HDFS

**注意**：修改 MySQL 用户名 / 密码，HDFS 文件地址根据实际情况修改。

查看 MySQL 中的结果数据，如图 8-16 所示。

```
mysql> select * from t_hotwords;
+---------------------+------+-------+
| time                | word | count |
+---------------------+------+-------+
| 2023-02-02 11:48:05 | QQ   |     2 |
| 2023-02-02 11:48:05 | 专家 |     3 |
| 2023-02-02 11:48:05 | 发展 |     5 |
| 2023-02-02 11:48:05 | 寒假 |     4 |
| 2023-02-02 11:48:05 | 房价 |     6 |
| 2023-02-02 11:48:15 | QQ   |     2 |
| 2023-02-02 11:48:15 | 专家 |     3 |
| 2023-02-02 11:48:15 | 发展 |     5 |
| 2023-02-02 11:48:15 | 寒假 |     4 |
| 2023-02-02 11:48:15 | 房价 |     6 |
+---------------------+------+-------+
10 rows in set (0.00 sec)
```

图 8-16　MySQL 结果

### 8.3.4　Spark Streaming 窗口计算实训

1. 实训内容

这里主要介绍在 IDEA 中开发 SparkStreaming-WordCount 案例，从 TCP Socket 数据源实时消费数据，计算某一时间段的数据。

2. 实训目的

熟悉窗口函数的使用。

## 3. 实训步骤

在 spark_wc 项目下新建名为 WordCount04 的 Scala 类，使用 SparkStreaming 接收来自某一主机 9999 端口的数据并做 WordCount+ 窗口计算。每隔 5 s 计算最近 10 s 的数据。

代码如下：

```scala
import org.apache.spark.streaming.dstream.{DStream,ReceiverInputDStream}
import org.apache.spark.streaming.{Seconds,StreamingContext}
import org.apache.spark.{SparkConf,SparkContext}
/**
 *
 * Desc 使用SparkStreaming接收node1:9999的数据并做WordCount+窗口计算
 * 每隔5s计算最近10s的数据
 */
object WordCount04{
  def main(args: Array[String]): Unit={
    //TODO 0.准备环境
    val conf: SparkConf=new SparkConf().setAppName("spark").
                        setMaster("local[*]")
    val sc: SparkContext=new SparkContext(conf)
    sc.setLogLevel("WARN")
    val ssc: StreamingContext=new StreamingContext(sc,Seconds(5))
    // 每隔5s划分一个批次
    //TODO 1.加载数据
    val lines:ReceiverInputDStream[String]=ssc.socketTextStream("node1",9999)
    //TODO 2.处理数据
    val resultDS: DStream[(String,Int)]=lines.flatMap(_.split(" "))
      .map((_,1))
      //.reduceByKey(_+_)
      //windowDuration: 窗口长度/窗口大小,表示要计算最近多长时间的数据
      //slideDuration: 滑动间隔,表示每隔多长时间计算一次
      // 注意: windowDuration 和 slideDuration 必须是 batchDuration 的倍数
      // 每隔5s(滑动间隔)计算最近10s(窗口长度/窗口大小)的数据
      //reduceByKeyAndWindow(聚合函数,windowDuration,slideDuration)
      //.reduceByKeyAndWindow(_+_,Seconds(10),Seconds(5))
      .reduceByKeyAndWindow((a: Int,b: Int)=>a+b,Seconds(10),Seconds(5))
    //TODO 3.输出结果
    resultDS.print()
    //TODO 4.启动并等待结束
    ssc.start()
    ssc.awaitTermination()
      // 注意: 流式应用程序启动之后需要一直运行等待手动停止/等待数据到来
    //TODO 5.关闭资源
    ssc.stop(stopSparkContext=true,stopGracefully=true)     // 关闭
```

# Spark 大数据分析

```
    }
}
```

启动 netcat，设置端口号为 9999，要与代码中的端口号一致。

```
nc -l 9999
```

同实验 4，运行代码，在窗口中输入数据。

随着时间的推移和窗口的滑动，统计结果不断减少，如图 8-17 所示。

```
(flink,1)
(spark,1)
(hadoop,1)

23/02/01 10:04:18 WARN RandomBlockReplicatior
23/02/01 10:04:18 WARN BlockManager: Block ir
-------------------------------------
Time: 1675217060000 ms
-------------------------------------
(flink,2)
(spark,2)
(hadoop,2)


-------------------------------------
Time: 1675217065000 ms
-------------------------------------
(flink,1)
(spark,1)
(hadoop,1)
```

图 8-17  结果

当发送频率稳定在每 5 s 一个时，统计结果稳定为两个，如图 8-18 所示。

```
-------------------------------------
Time: 1675217290000 ms
-------------------------------------
(flink,2)
(spark,2)
(hadoop,2)

23/02/01 10:08:11 WARN Ran
23/02/01 10:08:11 WARN Blo
-------------------------
Time: 1675217295000 ms
-------------------------

(flink,2)
(spark,2)
(hadoop,2)

23/02/01 10:08:16 WARN Ran
23/02/01 10:08:16 WARN Blo
-------------------------
Time: 1675217300000 ms
-------------------------
(flink,2)
(spark,2)
(hadoop,2)
```

图 8-18  运行结果

在实际开发中需要掌握的是如何根据需求设置 windowDuration 和 slideDuration，如每隔 10 分钟滑动间隔（slideDuration）更新最近 24 小时（窗口长度 windowDuration）的广告点击数量：

```
.reduceByKeyAndWindow((a: Int,b: Int)=>a+b,Minutes(6()*24),Minutes(10))
```

Duration（持续时间）中只有 Seconds 和 Minutes，也就是只有秒和分，所以对于小时表达时使用 Minutes（60*24）。

## 小　结

本章学习了 Spark Streaming，这是一种使用 Spark 处理实时流数据的 API。

首先，介绍了 Spark Streaming 的基本概念和架构，讨论了 Spark Streaming 的输入源、DStream 和输出操作，并解释了 Spark Streaming 如何处理实时流数据。

其次，讨论了如何使用 Spark Streaming 处理实时流数据；介绍了 Spark Streaming 的窗口操作、转换操作和输出操作，并演示了一些示例操作。

再次，介绍了如何使用不同的输入源来处理实时流数据，讨论了 Spark Streaming 支持的各种输入源，并演示了如何使用这些输入源处理实时流数据。

接着，讨论了如何使用 Spark Streaming 的高级功能，包括状态管理、窗口操作等，并演示了一些示例操作，以展示这些功能的强大性能。

最后，讨论了如何使用 Spark Streaming 构建实时流数据处理应用程序；介绍了如何构建一个基本的实时流数据处理应用程序，并演示了如何使用这个应用程序处理实时流数据。

通过学习本章节，应该掌握 Spark Streaming 的基本概念和架构，了解如何使用 Spark Streaming 处理实时流数据，并了解 Spark Streaming 的高级功能，包括状态管理、窗口操作和检查点等。此外，还应该了解如何使用 Spark Streaming 构建实时流数据处理应用程序。

## 习　题

1. 下面关于 Spark Streaming 的描述错误的是（　　）。
   A. Spark Streaming 的基本原理是将实时输入数据流以时间片为单位进行拆分，然后采用 Spark 引擎以类似批处理的方式处理每个时间片数据
   B. Spark Streaming 最主要的抽象是 DStream
   C. Spark Streaming 可整合多种输入数据源，如 Kafka、Flume、HDFS，甚至是普通的 TCP 套接字
   D. Spark Streaming 的数据抽象是 DataFrame

2. 下面关于 Spark Streaming 和 Storm 的描述正确的是（　　）。
   A. Spark Streaming 无法实现毫秒级的流计算，而 Storm 可以实现毫秒级响应
   B. Spark Streaming 可以实现毫秒级的流计算，而 Storm 无法实现毫秒级响应
   C. Spark Streaming 和 Storm 都可以实现毫秒级的流计算

D. Spark Streaming 和 Storm 都无法实现毫秒级的流计算
3. 下面不属于 Spark Streaming 基本输入源的是（　　）。
   A. 文件流　　　　　　　　　　　　B. 套接字流
   C. RDD 队列流　　　　　　　　　　D. 双向数据流
4. 流计算处理流程一般包括（　　）三个阶段。
   A. 数据实时采集　　　　　　　　　B. 数据实时计算
   C. 数据汇总分析　　　　　　　　　D. 实时查询服务
5. 编写一个简单程序，实现随机间隔若干秒在指定路径下创建新文件，并写入适量单词，并以空格分割，帮助完成单词统计任务。